Silencio y psicoanálisis

Silencio y psicoanálisis

Una retórica
de lo inconsciente

Alfonso Herrera

Número de Control de la Biblioteca del Congreso de EE. UU.:   2018901514
ISBN: Tapa Dura   978-1-5065-2402-3
                 Tapa Blanda   978-1-5065-2401-6
                 Libro Electrónico   978-1-5065-2400-9

Para realizar pedidos de este libro, contacte con:
Palibrio
1663 Liberty Drive
Suite 200
Bloomington, IN 47403
Gratis desde EE. UU. al 877.407.5847
Gratis desde México al 01.800.288.2243
Gratis desde España al 900.866.949
Desde otro país al +1.812.671.9757
Fax: 01.812.355.1576
ventas@palibrio.com
470606

ÍNDICE

Parte I: Silencio y Psicoanálisis

Parte II: Una retórica de lo inconsciente

Prólogo

NÉSTOR A. BRAUNSTEIN

Me siento incitado a escribir un prólogo conciso para que sea dos veces bueno. Es el homenaje que Alfonso Herrera Díaz se merece.

El lector tiene en sus manos un libro pleno de enseñanzas inagotables. Una obra de investigación que ilumina los últimos rincones del tema que aborda. Un ensayo que no copia sino que produce una teoría del silencio y que incide frontalmente en la práctica del psicoanálisis.

La idea que lo guía tiene el doble mérito de ser profunda y enunciarse con sencillez: en el psicoanálisis (¿y en la vida cotidiana?) el callar invita o empuja al otro a hablar mientras que el hablar acalla lo que el otro podría decir. Lo que podría decir y escuchar sobre sí mismo. La llamada "comunicación" es, tantas veces, una fuente de confusión interpersonal. Todos los "locutores" –vale decir, cualquiera, todo *parlêtre*– pertenecen a "esa inmensidad hablante que se dirige a nosotros apartándonos de nosotros" (Blanchot).

Lo importante no es decir lo que se piensa sino pensar lo que se dice para que cada uno escuche sus propias palabras. Eso no es una intimación al silencio. Es un cuestionamiento de la vocación proselitista o evangelizadora que tiene la palabra cuando abandona el campo del análisis y se embarra en los pantanos de la sugestión.

El silencio es la base para que la música surja y se oiga. Hay que eliminar el ruido de fondo. Crear el vacío.

Es lo que han enseñado esos dos portentosos escultores vascos que son Eduardo Chillida y Jorge Oteyza: hay que desocupar el espacio, superar los límites de la materia y para ello encarnar la obra escultórica en el vacío, un espacio pleno y más allá del instante, una invitación a que hablen el hierro, la piedra y el mármol.

Así también, insisto, la música, silencio en movimiento.

En la sesión: el analista invita al paciente a decir cualquier cosa que se le pase por la cabeza, y el analista, invisible desde el diván, escucha y calla. ¿Qué espera oír el analista? Seguramente, no la cháchara insustancial de quien cuenta sus venturas y desventuras cotidianas. El modelo de lo que quiere escuchar es el sueño, una equivocación, una palabra que no diga cosas sino que resuene en el tambor de lo desconocido, algo inaudito que escape a la blablabanalidad del discurso corriente. Por eso pide que se diga cualquier cosa aunque parezcan pendejadas (sé que sería menos criticado si escribiese *conneries* o *bêtises* sin traducir la palabra).

Con su callar el analista se convierte en sopapa, en *vacuum cleaner*, para usar las justas palabras inglesas que se nos escapan cuando nombramos al electrodoméstico que llamamos "aspiradora". Aspirar mediante el vacío para limpiar la suciedad acumulada en el trasiego de las conversaciones telefónicas y de los *WhatsApps* cotidianos. Iniciar al sujeto en una nueva manera de hablar, apartarlo del *small talk*.

¿Quién podría decirlo mejor que Borges?: "No hables a menos que puedas mejorar el silencio".

Se critica mucho y con justa razón la idea de que al final del análisis el sujeto pudiese "identificarse con el analista". Pero conviene aclarar: si la identificación en cuestión es con la manera de intervenir dando explicaciones e interpretaciones de todo y de cualquier cosa, usando un código que es el de la escuela o escudería a la que el psicoanalista pertenece, de acuerdo. Pero, ¿qué con la "identificación al psicoanalista" que consiste en saber guardar silencio y ser neutral ante la manifestación del deseo del otro, dejarlo que se exprese como se le dé su real y regalada gana, intervenir con las preguntas justas para que el otro desarrolle su pensamiento y se escuche a sí mismo? ¿Qué si la "identificación" es con una frase del tipo de "No soy yo quien te lo hace decir"? ¿Qué con una palabra desconcertante que convierta a la palabra en chiste manifestando así su relación con el inconsciente?

Es en eso que el verdadero psicoanálisis es didáctico. Siempre.

Pues el analizante no está allí para recibir el sentido de parte del analista sino para producirlo. No está allí para aprender del otro sino de sí mismo, ya que eso es el inconsciente, un saber latente, no un contenido de saber que está en el "profesional" que, creyendo que sabe, no sabe que ignora. Al final del análisis no se encuentra el saber que estaba ya en el analista sino la seguridad de que el analista no sabe mientras que el analista aprende que sólo sabe que no sabe. Hubo ya un viejo tan feo como Freud mismo que lo dijo unos cuantos siglos antes.

"El inconsciente es una sustancia a fabricar, a descargar, a hacer correr, un espacio social y político a conquistar" (Deleuze). E igualmente bien lo dice, en esta obra cuya importancia irá creciendo con el tiempo, el aun joven Alfonso Herrera Díaz: "El analista no ignora que al hablar vulnera su neutralidad en lo simbólico e interfiere con el análisis en curso al bloquear la circulación de la palabra". A lo que agrega, para que nadie se vea llevado a exagerar: "Aunque también es cierto que el silencio como forma de neutralidad simbólica no debe ser una práctica invariable al punto de ser ya previsible; el analista dejaría de estar donde no se lo espera, si cuida en exceso el no mermar la fuerza de su neutralidad".

Sólo puede callar aquel a quien le es posible hablar. No puede callar el mudo (Heidegger). Por eso también es que el analista habla en la sesión. Pero debe estar advertido de las añagazas del sentido. Sus frases idealmente no deben servir para dar sentido sino para reducirlo y agostarlo. Me repetiré: debe evitar toda intervención que implique tácitamente la introducción de un "Yo te voy a decir lo que tu decir quiere decir".

"El callar es un silencio cifrado", nos dice Herrera. Al descifrarlo el analizante descubrirá lo "insabido" de su ser, su falta-en-ser, más allá de las tinieblas que pudiesen surgir de una intervención "sensata" del *psico*analista que intentaría rellenar esa falta con un presunto saber.

Toda la obra de este psicoanalista mexicano que hoy lanza al mundo de los libros este escrito concreta lo que él sabe y lo que todo analista debiera saber: ignorar lo que sabe (Lacan). Y trasunta una concepción del inconsciente adelantada en el Renacimiento por Nicolás de Cusa: "el conocimiento por el cual uno cree conocer lo que no puede ser conocido no es un verdadero conocimiento y en tal caso el único conocimiento válido es el que nos permite saber lo que no puede ser conocido".

Una concepción que viene del Renacimiento y que llama al renacimiento del psicoanálisis, un psicoanálisis "acéfalo" como dice Jacques Nassif en la estela de Georges Bataille. Sin cabeza, sin seguir a una autoridad indiscutible sino un psicoanálisis que se inventa a sí mismo, un psicoanálisis que no tiene historia sino que es siempre un *porvenir*. Algo que llega, ahora en México, gracias a un trabajo innovador: éste.

Advertencia

En este trabajo, al citar a Freud, se utilizarán las versiones de tres traductores: Luis López-Ballesteros y de Torres (Biblioteca Nueva), Ludovico Rosenthal (Santiago Rueda Editor) y José Luis Etcheverry (Amorrortu). Se busca –si esto fuera posible– atenuar la injusticia que representa el ninguneo al que por décadas ha sido sometida la encomiable traducción de Rosenthal.[1]

Etcheverry considera que a la traducción que López-Ballesteros hace de Freud "le sobra gracia pero le falta rigor [...] omite dificultades conceptuales, no es sistemática [...] no permite [un] estudio trasversal".[2] Clamando un retorno a Strachey, opta entonces por lo que llama *literalidad*

---

[1]   Ramón Rey Ardid –con la inexplicable anuencia de Biblioteca Nueva– se ostentó como autor de lo traducido por Rosenthal en por lo menos tres ediciones (1967-1968, 3 vols.; 1972-1975, 9 vols.; y 1973, 3 vols.). Ese error perduró en las ediciones posteriores porque la editorial eliminó la referencia a Rey Ardid y siguió utilizando las versiones de Rosenthal pero sin darle crédito (salvo en el caso de un escrito, *El porqué de la guerra*), por lo que pareciera que el único traductor es López-Ballesteros, como consigna la carátula de cada uno de los tres volúmenes sin hacer salvedad alguna. Para colmo, un tal Jacobo Numhauser Tognola (ordenador y revisor de los textos para Biblioteca Nueva), se tomó la libertad de editar las notas al pie originales de Rosenthal (algunas tan personales, que rezaban: "este traductor..."), presentándolas como propias. Etcheverry, en cambio, reconoce sin ambages su deuda con la versión de Rosenthal. Véase Sigmund Freud, "Sobre la versión castellana", en *Obras completas*. Trad. de José L. Etcheverry. Buenos Aires, Amorrortu, 1985, p. 3.

[2]   *Ibid.*, pp. 1, 2 y 6.

1

problemática:[3] "Freud y nada más que Freud" pero con "una leve modificación", *el texto de Freud, y sólo el texto de Freud.*[4] Así, López-Ballesteros y Tomás Segovia (traductor de Lacan) abordan a sus respectivos autores, no "por la coherencia de su teoría sino por la traductibilidad";[5] en contraste, Etcheverry (al "conceder una atención igualmente estricta al entronque de la obra freudiana con la problemática antropológica y filosófica del pensamiento alemán")[6] y Rosenthal (al precisar "la demarcación de los conceptos entre sí señalando su cambio de acepción" y al trazar "la evolución y concatenación" de las principales categorías freudianas),[7] se decantan por el rigor.

---

[3] "Literalidad problemática" es un pleonasmo (tal como "traducción literal" –que Etcheverry distingue de la "traducción libre"–, suena a oxímoron o antilogía).

[4] Nada de leve tiene esta precisión de Etcheverry, pues "el 'deseo' del traductor se manifiesta en el respeto absoluto que debe guardar, no al 'querer decir' del autor, para siempre desconocido, sino al dicho". En otras palabras: "Lo esencial del trasvasamiento lingüístico es la conservación del estilo; no de la persona o las intenciones del autor". Braunstein, Néstor, *Traducir el psicoanálisis. Interpretación, sentido y transferencia*, México, Paradiso editores, 2012, pp. 47 y 49.

[5] Segovia, Tomás, "Psicoanálisis: entre la literalidad y la paranomasia" [1981], en: Braunstein, Néstor, (ed.), *El lenguaje y el inconsciente freudiano*, México, Siglo XXI, 1988, p. 272. Tomás Segovia escribe *paranomasia*, y no *paronomasia* (como lo hacen el resto de los autores consultados). En: Seco, Manuel, *Diccionario de dudas y dificultades de la lengua española* [1961], Madrid, Aguilar, 1976, p. 257, se lee: "Paranomasia. Es incorrecto aunque lo admita la Academia. Dígase *paronomasia*".

[6] Freud, Sigmund, "Sobre la versión castellana", en: *op. cit.*, p. 3.

[7] Freud, S., "Prólogo del traductor", en: *Obras completas*, t. XVIII. Trad. de Ludovico Rosenthal. Buenos Aires, Santiago Rueda, 1954, p. 8.

En este trabajo, como hace tiempo se hizo en otro,[8] no se respetará –aun en las citas– la ortografía adoptada por la editorial Amorrortu para la palabra "inconciente"; se escribirá "inconsciente" por considerar que las razones dadas en la "Advertencia a la edición castellana", son endebles.[9] En lengua francesa, italiana y portuguesa, la voz "inconsciente" mantiene la ortografía aquí usada. (En todo caso, sería la palabra "conciencia" la que habría de modificar en su escritura.[10]) Esta licencia encuentra su justificación en la insuficiencia de la regla que prescribe la voz "conciente". Tampoco será respetada la ortografía de los pronombres demostrativos que esa casa editorial propone; aquí serán acentuados.

En todos los casos, a pie de página se consignará inmediatamente después del título y entre corchetes el año en que la obra en cuestión fue escrita, para que el lector tenga un contexto inmediato sobre el tiempo en el que una declaración tuvo lugar. En el caso de las obras de Freud traducidas por Etcheverry, se seguirá la norma de citar entre paréntesis el año en el que Freud publicó una obra, y entre corchetes el año en el que la escribió (pudiendo mediar entre ambas fechas muchos años, lo que es importante para quien se interese en la historia del psicoanálisis).[11]

---

[8]   Herrera, Alfonso, *Epistemología del psicoanálisis* [2008], Bloomington, Indianápolis, Palibrio, 2013.

[9]   Freud, S., "Advertencia sobre la versión en castellano", en: *Obras completas*, t. I. Trad. de José L. Etcheverry, p. xxix.

[10]   Ludovico Rosenthal escribe "consciencia" en todas sus traducciones.

[11]   *Psicoanálisis y telepatía* (1941[1921]), por dar sólo un ejemplo, fue escrito en 1921 pero no vio la luz sino hasta dos décadas después.

Asimismo, en el caso de los escritos de Lacan –reunidos para su edición en 1966– se consignará entre paréntesis el año en el que cada uno de ellos fue escrito.[12]

En el caso de los seminarios, se consignarán los años lectivos en lo que éstos tuvieron lugar. Y al citar el seminario 20 de Lacan, se escribirá *Aún* (la editorial Paidós propone no acentuar la palabra) ya que *Encore* encuentra su resonancia, no en el "hasta" ni en el "aunque", sino en el "todavía" de la lengua castellana.

Por último, el presente trabajo tiene causa en una investigación que, en su momento, se sometió a la lectura de Lauro Zavala, Néstor Braunstein y Daniel Gerber, en el hoy extinto Centro de Investigaciones y Estudios Psicoanalíticos (CIEP) de México; el segundo de ellos dictó ahí un seminario para posgraduados en cuyo decurso se perfilaron algunas de las ideas aquí reformuladas.[13] Muy poco conserva este trabajo de aquella tesis sin que por ello deje de inscribirse en dicho contexto.

---

[12] En consonancia con el criterio recién expuesto, pueden mediar tres décadas entre la redacción de un escrito y el año en el que Lacan decidió al fin publicarlo, como es el caso del que lleva por título "Más allá del principio de realidad (1936).

[13] Notas personales del seminario de Néstor Braunstein, "¿Técnica del psicoanálisis?", impartido de septiembre de 1996 a agosto de 1998 en el Centro de Investigaciones y Estudios Psicoanalíticos (CIEP).

Introducción

INQUIRIDOR: Ante todo, silencio sobre el silencio...
JAPONÉS: ...porque hablar y escribir sobre el
silencio ocasiona discusiones perniciosas...
INQUIRIDOR: ¿Quién podría mantener simplemente
silencio del silencio?
JAPONÉS: Esto sería el verdadero Decir...

Martin Heidegger, *De camino al habla*[14]

Tan frágil, que se rompe al sólo nombrarlo

Hablar en extenso sobre la importancia del silencio en la técnica psicoanalítica parece entrañar una contradicción. ¿Cómo hablar del silencio pertinentemente? Acaso debería adoptarse la última consigna del *Tractatus Logico-Philosophicus* de Wittgenstein que sugiere callar ante aquello de lo que no se puede hablar. Y es que todo emerge de lo que al Moisés de su ópera le hace decir Schoenberg: "Oh, palabra. Tú, que me faltas" (*"O wort, du wort, das mir fehlt"*).[15]

---

[14] Heidegger, Martin *De camino al habla* [1959], Barcelona, Odós, 1987, p. 138.

[15] Schoenberg, Arnold, *Moses und Aron* [1926-1932] (así, con una sola *a* debido a la triscaidecafobia del compositor). Lacan cita *Le Grand Dictionnaire des Précieuses* [1661], de Antoine Baudeau de Saumaize para afirmar que "el poeta Saint-Amant fue el primero en decir *Le mot me manque* (me falta la palabra)". Lacan, J., *El Seminario. Libro 3. Las psicosis (1955-1956)*, Buenos Aires, Paidós, 1993, p. 169. Véase la obra antecitada de Antoine Baudeau de Saumaize, en: archive.org/stream/ledictionnaired01somagoog

Esta doble alusión obliga desde ya a distinguir el *silencio* (en el que la palabra falta o no acude) del *callar* (donde la palabra es retenida). Dicho de otra manera: el silencio es anterior a la palabra, mientras el callar es posterior a ésta. Y así como nunca es más profundo el silencio que después de un grito, cuanto más callemos mayor será la evidencia de que la palabra siempre falla al pretender decir aquello que el silencio tan elocuentemente enuncia.[16]

Se trata en este trabajo de aquella palabra que –en la situación analítica– no por ser por no ser enunciada está menos presente; o, mejor: que por ausente se presentiza.[17] Entre los campos aquí intrincados (literatura, psicoanálisis, religión, filosofía, retórica, semántica lingüística), median lazos menos evidentes que estrechos. Y es desde esas ópticas que se abordarán las tensiones entre lo que se dice y lo que no se quiere (o no se quería) decir; entre lo que se dice y lo que se quería (o se querría) decir; entre lo que se dice y lo

---

y archive.org/stream/ledictionnaired02somagoog ; Braunstein, N., "Dios es inconsciente", en: *Fractal*, núm. 26 (7), 2002, p. 13; Braunstein, N., *Traducir el psicoanálisis. Interpretación, sentido y transferencia*, México, Paradiso editores, 2012, pp. 137-162; Charmoille, Jean, "Ariabellissima. Diálogo entre el artista y el psicoanalista (segunda parte)", en: *Sonécrit*. www.sonecrit.com/texte/PDF/espagnol/Ariabellissima.pdf

[16] En *El grito* [1893] de Edvard Munch, "el silencio no es el fondo del grito [...] el grito parece provocar el silencio". Lacan, J., *El Seminario. Libro 12. Problemas cruciales para el psicoanálisis (1964-1965)*. Versión mimeografiada. Clase del 17 de marzo de 1965.

[17] Véase la voz "Presentizar", en: Alonso, Martín, *Diccionario del español moderno* [1960], Madrid, Aguilar, 1982, p. 827. La narración (como "presente histórico") es la representación gramatical de lo que se cuenta y también de lo que se calla.

que no es susceptible de ser dicho; entre lo que *no* se dice y –sin embargo– se enuncia por alusión, insinuación, elipsis, sobrentendido, mención, implícito, presuposición, y un largo etcétera de estrategias retóricas.

Se distinguirá también el silencio ligado al deseo de aquel otro silencio entramado a la pulsión de muerte. Sin embargo, se dará por sentada la diferencia antedicha entre el silencio y el callar, pues ambos tienen siempre al silencio mismo como trasfondo: el callar, en cuanto cese de la palabra (o más precisamente, como palabra de baja intensidad), sólo evidencia el fondo de silencio sobre el que una abstención discurre.

En este trabajo, los pasajes transcritos se comentan entre sí, los autores discrepan o coinciden, campos muy disímbolos se superponen. Se enfatizan las disonancias o las consonancias argumentativas buscando injertar reflexiones que justifiquen los motivos de tal montaje, pretendiendo conciliar las elaboraciones que en muy diversos espacios de reflexión se han producido acerca del silencio, para así forzar su pasaje por el diafragma de la situación analítica. La estrategia aproximativa es, pues, intertextual.

Los intertextos

No hay enunciado desprovisto de dimensión intertextual, decía Todorov (*"At the most elementary level, any and all relations between two utterances are intertextual"*).[18] Un texto,

---

[18] Todorov, Tzvetan, "Intertextuality", en: *Mikhail Bakhtin. The Dialogical Principle* [1981], Minneapolis, Minessota, The University of Minessota Press, 1984, p. 60.

como toda forma de tejido, entrama anverso y revés, por lo que es imposible "evitar que se asocie una nueva constelación de voces no dichas a partir de cada mención [...] en cada enunciado se diría, en efecto, que se oyen *voces en off*".[19] Desde esta perspectiva, la intertextualidad (como estrategia expositiva y como método de investigación) busca evidenciar la naturaleza de la retícula analizada. Y puesto que "el inconsciente se articula de lo que del ser viene al decir [se trata aquí de] un textil donde los nudos no dirían sino de los agujeros que ahí se encuentran".[20]

Aquí se suscribe que el tema del silencio en su relación con la técnica psicoanalítica es especialmente apto para un abordaje de carácter intertextual, que puede ser –a un tiempo– riguroso (por cuanto se atiene a la especificidad que cada término guarda en su campo epistémico) y desenfadado (por el riesgo que implica la extrapolación de un concepto a campos de muy diversa óptica).

Mas, como se sabe, la dimensión significante de toda intertextualidad depende menos del emisor que del receptor. En efecto: la intertextualidad es "el producto de la mirada que la *construye* [...] el *texto* no es únicamente el vehículo de una significación codificada de antemano, sino parte de una red de asociaciones que el lector *produce* en el momento de reconocer el texto".[21]

---

[19] Block de Behar, Lisa, *Una retórica del silencio* [1984], Buenos Aires, Siglo XXI, 1994, pp. 191 y 194.

[20] Lacan, J., "Radiofonía" [1970], en: *Psicoanálisis. Radiofonía & Televisión*, Barcelona, Anagrama, 1980, p. 46.

[21] Zavala, Lauro, "Elementos para un análisis de la intertextualidad" [1996],

En este sentido, el intertexto aquí presentado se debate en la red significante de los discursos que la entraman. Por exponer ciertas correspondencias (entre otras posibles) de uno a otro texto, son los argumentos hermenéuticos de quien esto escribe los que así se evidencian. Pero –sobre todo– es el lector de estas líneas quien a partir de su competencia enciclopédica le hará decir al escrito determinadas cosas.[22]

En concordancia con lo que define a un significante al nivel más elemental –a saber, que su especificidad se opone a la de otro significante–, toda palabra presupone un vasto silencio si al *decir-se* calla todo lo demás. Debido a la primacía del significante sobre el significado, en cada palabra necesariamente son dichas otras que en apariencia no fueron invitadas a la proferición; ni falta hace, igual comparecerán por alusión, evocación, concomitancia, metonimia y un largo etcétera. Es tan cierto que un significante *es, no siendo otro* como que *siendo muchos otros, es*. Así, cuando una palabra es proferida, las demás figuran como ausencias presentes porque –no siendo convocadas– por fuerza son evocadas aunque sólo sea para ratificar la especificidad del significante proferido.

Cuando el silencio acontece todo está por ser dicho... o no (lo que sería el callar) pero –siendo susceptibles de ser proferidos o a la espera de ser dichos– todos los significantes

---

en: *La Colmena*, núm. 9, Revista de la Universidad Autónoma del Estado de México, Toluca, 1996, p. 3.

[22] "Si la competencia lingüística permite extraer las informaciones intra-enunciativas, la competencia enciclopédica se presenta como un vasto depósito de informaciones extra-enunciativas". Haidar, Julieta, *Debate CEU-Rectoría. Torbellino pasional de los argumentos* [2006] México, UNAM, 2006, p. 252.

están ahí, algunos incluso ya enunciados muy a pesar del silencio y a contrapelo de cualquier callar. Porque sucede a veces que a fuerza de ocultar algo se lo señala con más fuerza. En efecto (y esta cita vale para circunscribir cualquier clase de duelo) "al presentificar en otra presencia una ausencia, la representatividad hace de esa presencia necesariamente un análogo de esa ausencia".[23]

Podría ensayarse, entonces, una nueva definición: si "un significante es lo que representa al sujeto para otro significante",[24] bien podría inferirse que "un silencio es lo que representa al sujeto para otro silencio" (o que "un callar es lo que representa al sujeto para otro callar"). No se puede afirmar que "toda la experiencia analítica se despliega a partir de la voz proferida"[25] sin matizar (como Lacan lo hiciera al hablar de la verdad), *no toda...*, porque "la esencia de la teoría psicoanalítica es un discurso sin palabras" (*sic*).[26] No obstante,

---

[23] Segovia, Tomás, "Psicoanálisis: entre la literalidad y la paranomasia" [1981], en: Braunstein, Néstor, (ed.), *El lenguaje y el inconsciente freudiano,* México, Siglo XXI, 1988, p. 291.

[24] Lacan, J., "Subversión del sujeto y dialéctica del deseo en el inconsciente freudiano" (1960), en: *Escritos* [1966], vol. 2, México, Siglo XXI, 1999, p. 799.

[25] Braunstein, N., "Introducción", en: Braunstein, Néstor, (ed.), *op. cit.,* p. 7.

[26] Lacan, J., *El Seminario. Libro 16. De un Otro al otro (1968-1969),* Buenos Aires, Paidós, 2008, p. 14. Esta es la versión de Nora A. González (traductora); otra versión (de Ana María Gómez y Sergio Rochietti) propone: "sin palabra". Lacan, J., *El Seminario. Libro 16. De un Otro al otro.* Versión mimeografiada. Clase del 13 de noviembre de 1968. En la edición francesa se lee: *L'essence de la théorie psychanalytique est un discours sans parole.* Lacan, J., *Le Séminaire. Livre 16. D'un Autre à l'autre (1968-1969),* París, Seuil, 2006, p. 14.

"este *motto*, este motivo lacaniano [...] debe extenderse de la teoría a la tarea psicoanalítica en su conjunto, más allá de toda discutible (*contestable*) distinción entre la teoría y la praxis del análisis".[27] Lo incontestable es que en materia psicoanalítica puede ratificarse cuantas veces se quiera que en ocasiones "la teoría aspira a una pureza de la cual la experiencia puede prescindir".[28]

Texto e intertexto son nociones cuya frontera se adelgaza de manera evidente en el campo psicoanalítico: las asociaciones que el analizante produce, en la medida que desconoce el texto que su decir enuncia, tienen como fondo un abanico de discursos en los que el sujeto, en principio, cree reconocerse. *Reconocimiento en el desconocimiento* es uno de los efectos de la incidencia analítica.

Un texto se constituye "por un espacio de múltiples dimensiones en las que se concuerdan y se contrastan diversas escrituras, ninguna de las cuales es la original: el texto es un tejido de citas provenientes de los mil focos de la cultura".[29] Agréguese a lo anterior que cada significación se enmarca a su vez en un contexto específico, de suerte que la intertextualidad también implica una retícula discursiva que enlaza inter(con) textos. El tejido es, pues, abstruso. La urdimbre del discurso psicoanalítico se entrama con hilos de especie diversa, y la

---

27 Braunstein, N., "Con-jugar el fantasma. (Los enunciados del analista)", en: Braunstein, Néstor, (ed.), *La interpretación psicoanalítica*, México, Trillas, 1988, p. 88.

28 Eco, Umberto, *Decir casi lo mismo. Experiencias de traducción* [2003], México, Lumen, 2008, p. 25.

29 Barthes, Roland, "La muerte del autor" [1968], en: *El susurro del lenguaje. Más allá de la palabra y la escritura*, Barcelona, Paidós, 1987, p. 69.

malla que así resulta trenza fibras discursivas en un tisaje no siempre afortunado. La pertinencia de tales anudamientos será enjuiciada por el lector (auditor textil y –a la vez– bastidor del telar que observa).

Técnicas y estrategias intertextuales

Este trabajo reclama inscribirse en una tradición literaria específica: la que homologa escritura y citación. Se trata de un informe hecho de rastros, de vestigios cuya traza rotula la intención intertextual que los imbrica: superponiendo diversos contextos (intercontextualidad), yuxtaponiendo lógicas discursivas distintas (interdiscursividad), transponiendo elementos de uno a otro contexto (*collage*), acoplando códigos heterogéneos (intercodicidad), interpolando fragmentos de un texto a otro punto del mismo (intratextualidad), extirpando y reimplantando tejidos significantes (extrapolación textual), barajando architextos (multifrenia), traslapando citas y contextos (transcodificación), homologando niveles de sentido (transtextualidad).[30] En términos generales, se apuesta aquí por la *sutura* en este recorrido polifónico.

Es así como el lector convivirá a lo largo de este libro con la citación como herramienta de exposición recurrente: a veces explícita (con su aparato crítico concomitante), a veces implícita. Recuérdese que para el Borges de "El hombre de arena" la lengua no es más que un sistema de citas; para Gérard Genette, la literatura es una incesante transfusión transtextual;

---

[30] Véase: Zavala, L., *op. cit.*, pp. 7-11.

para Julia Kristeva cada texto fagocita, por así decir, otros textos deviniendo un mosaico de citas; para George Steiner, todo lugar común es una verdad cansada; para Lacan, no puede alegarse propiedad en el campo simbólico (lo que anula toda posibilidad de plagiarismo).[31] Lo cierto es que "el escritor se limita a imitar un gesto siempre anterior, nunca original; el único poder que tiene es el de mezclar las escrituras".[32]

Podría aducirse que se cita para no decir mal lo que el autor dice tan bien pero "incluso la cita textual y en el idioma original es ya una transmutación del original desde el momento mismo en que se ha cambiado el contexto".[33] De modo que, aun buscando el bien-decir, se mald(ec)irá.

Más aún: muchas veces se cita sin saber que lo citado es a su vez otra cita: "una de las invocaciones (evocaciones) más turbadoras de las que puedan oírse: *Eli, Eli, lama sabachtani* es también una cita, pero eso no se advierte jamás [...] importa que en su circunstancia más conmovedora, la más íntima, Jesús evoque las palabras de tribulación con las que David se queja en su aflicción (Salmo 22:1)".[34]

Sobra decir que Lacan muchas veces no explicitó las fuentes de las que abrevaba, que Freud no siempre reconoció la angustia de sus influencias, que Borges citó textos inexistentes, que Pierre Menard es el verdadero autor de El Quijote... lo que permite inferir que Walter Benjamin deseó lograr lo que todo

---

[31] Véase: Lacan, J., *El Seminario. Libro 3. Las psicosis (1955-1956)*, Buenos Aires, Paidós, 1984, p. 117.

[32] Barthes, R., *op. cit.*, p. 69.

[33] Braunstein, N., *Traducir el psicoanálisis*, p. 51.

[34] Block de Behar, L. *op. cit.*, p. 85.

escritor ha hecho desde siempre: escribir libros compuestos, exclusivamente, de citas.[35] Y es que en algún momento, ya fue dicho lo que otro(s) repite(n).

Se dice que el eco tiene siempre la última palabra. Así opera toda enunciación: cuanto más reciente, más antigua la proferición madre de la que proviene. Más aún: "el silencio es fundante y constituye un *continuum* significante porque lo real de la significación es el silencio y éste es lo real del discurso".[36] Lo que invita a guardar todo el silencio posible en el ensamble citativo sobre lo indecible.

---

[35] "La intención de Benjamin era renunciar a toda interpretación manifiesta y hacer surgir los significados únicamente mediante el montaje chocante del material [...]. Como coronación de su antisubjetivismo, la obra principal solamente debía consistir en citas". Adorno, Theodor W., "Caracterización de Walter Benjamin", en: *Sobre Walter Benjamin* [1950], Madrid, Cátedra, 1995, p. 24.

[36] Haidar, J., *op. cit.*, p. 188.

Parte I
Silencio y psicoanálisis

Capítulo 1

La indecibilidad textual

La *silenciosidad* es un modo de habla.

Martin Heidegger, *El ser y el tiempo*[37]

En psicoanálisis, como sucede con el goce que por hablar se evita y se evoca, las palabras buscan sortear el silencio al que indefectiblemente arriban. Y a ese largo peregrinar de la palabra que a voz en cuello forja su silencio, subyace siempre lo inefable. Se trata entonces de una pretensión desmesurada: tutelar en un rodeo significante lo indecible.

Ya consignaba el *Sabertash* a mediados del siglo antepasado que en ocasiones el silencio baliza la parte nodal de una conversación: "*a few remarks on silence* [...] *acts a most essential part in conversation*".[38]

Así como un significante remite a otro en una semiosis ilimitada, también la oposición incesante entre significantes hace que las palabras se anulen unas a otras. Entre palabra y palabra, entre dicción y dicción hay siempre un espacio en

---

[37] Heidegger, Martín, *El ser y el tiempo* [1927], México, FCE, 1993, p. 183.

[38] Sabertash, Orlando, *Art of Conversation* [1842], Londres, James Walker, 1842, p. 39. Véase: www.books.google.com/books?id=19dnJUwnN48C& printsec=frontcover&hl=es&source=gbs_ge_summary_r&cad=0#v=one page&q&f=false

blanco que marca la *inter-dicción*. "El parentesco etimológico entre ley (*lex, legis*) y leer (*legere*) no es accidental; ambos aspectos de la ley se cumplen en la operación de lectura: edicto y prohibición, lo dicho y la interdicción, palabra y silencio".[39]

En efecto: hacia 1964 Lacan aseveraba que "el inconsciente muestra que el deseo está aferrado al interdicto".[40] Once años después ampliaría su reflexión de un modo incontestable: "Freud ha hecho la observación de que quizá hay un decir que valga por no ser hasta aquí más que interdicto. Eso quiere decir dicho entre, entre líneas. Es lo que él ha llamado lo reprimido".[41]

Uno de los propósitos del trabajo analítico es averiguar aquellos contenidos de pensamiento que permanecen ocultos, acallados, y que –no obstante, contra la voluntad y de todas las maneras posibles– se manifiestan. Entre otras cosas, el psicoanálisis es una práctica cuya técnica está a la caza del silencio ligado al goce.

Según Max Picard, el silencio "no encaja dentro del mundo de la utilidad y el provecho; el silencio simplemente *es*; no parece contener otra finalidad, no puede explotárselo [...] es 'improductivo', y por ello mismo no vale nada. [...] es sólo esto: sagrada inutilidad".[42] Pero este trabajo diverge de punta a punta

---

[39]   Block de Behar, Lisa, *Una retórica del silencio* [1984], Buenos Aires, Siglo XXI, 1994, p. 205.

[40]   Lacan, Jacques "Del *Trieb* de Freud y del deseo del psicoanalista" (1964), en: *Escritos* [1966], vol. 2, México, Siglo XXI, 1999, p. 831.

[41]   Lacan, J., *El Seminario. Libro 22. RSI (1974-1975)*. Versión mimeografiada (de acuerdo a las notas de M. Chollet). Clase del 8 de abril de 1975.

[42]   Picard, Max, *El mundo del silencio* [1948], Caracas, Monte Ávila, 1973, p. 14.

con esta aseveración. El silencio, como se verá, tiene para la práctica psicoanalítica una utilidad técnica innegable.

El silencio del analista es un medio estratégico de sustracción (un acto de retraimiento distinto a la táctica del callar), y *causa antecedente* de una palabra que busca enunciar lo que –estando articulado– es inarticulable: esto es, el deseo mismo: ...*que le désir soit articulé, c'est justement par là qu'il n'est pas articulable*.[43] Dicho de otra manera: el analista calla, y al hacerlo interviene e interpreta (dos de las modalidades tácticas en la dirección de una cura); la estrategia –*causa consecuente* de todos los callares– es el silencio mismo, que apunta al fin (entendido como finalidad y como término) de un análisis.

En una perspectiva radical, el analista "no cumple su función más que callándose";[44] sentencia que excluye, necesariamente, a los cínicos y canallas que hacen del silencio una variante de la estafa. Y puesto que "toda afirmación es, antes que nada, una vasta serie de negaciones",[45] cuando la situación analítica lo fuerce a hablar, el analista será exigido a buscar –según el decir de Flaubert– *le mot juste* (la palabra exacta), clave de la moderación enunciativa y temperada, de la formulación parca y la sobriedad emotiva, de la proferición concisa y mesurada.

---

[43] Lacan, J., "Subversion du sujet et dialectique du désir dans l'inconscient freudien" (1960), en: *Écrits* [1966], París, Seuil, 1966, p. 804. "[...] que el deseo sea articulado es precisamente la razón de que no sea articulable". Lacan, J., "Subversión del sujeto y dialéctica del deseo en el inconsciente freudiano" (1960), en: *Escritos* [1966], vol. 2, p. 784.

[44] Silvestre, Michel., "Límites de la función paterna", en: *Clínica bajo transferencia* [1984], Buenos Aires, Manantial, 2006, p. 21.

[45] Block de Behar, L., *op. cit.*, p. 26.

El callar "es un silencio que trasciende la palabra, pero que emerge de la palabra misma. No es una negación de las palabras sino la realización más honda de sus posibilidades expresivas".[46] Se alude aquí a una ausencia (la del silencio), presente en el decir; y a una palabra que, por ausente, forja el callar.

Si la lengua es un sistema de oposiciones, el silencio podría hacer las veces de elemento significante contrapuesto a la palabra. Decía Ferdinand de Saussure que no siempre "es necesario un signo material para expresar una idea; la lengua puede contentarse con la oposición de cierta cosa con nada".[47] De ahí que Lisa Block proponga considerar al silencio como un "sintagma-cero" que por oponerse a un discurso adquiere un alto valor significativo: "el texto configura un *cero, la cifra*, la convención secreta que no es la nada sino el vacío [...] etimológicamente *cifra* viene del árabe *sifr* (cero, vacío)".[48] En este tenor, puede afirmarse que la "letra del inconsciente [es] cifra de la falta de voz".[49] Solidario de esta perspectiva es el hecho de que el texto "se produce y se lee de tal manera que el autor [léase acá analizante] se ausenta de él a todos los niveles

---

[46] Alazraki, Jaime, "Para una poética del silencio" [1979], en: *Cuadernos Hispanoamericanos*, núms. 343-345, Madrid, 1979.

[47] de Saussure, Ferdinand, *Curso de lingüística general* [1916], México, Nuevomar, 1982, p. 126.

[48] Block de Behar, L., *op. cit.*, p. 177.

[49] Moulin, Jacqueline, "Un moroso silencio... un silencio de muerte", en: Nasio, Juan David (ed.), *El silencio en psicoanálisis* [1987], Buenos Aires, Amorrortu, 1999, p. 170.

[pues] no existe otro tiempo que el de la enunciación, y todo texto está escrito eternamente *aquí* y *ahora*".[50]

Un decir es entonces maderamen tendido entre el silencio (como querer decir), y el callar (como silencio cifrado). El callar funde el querer decir y el decir mismo: dicción y deseo amalgamados. Esa confluencia entre aspiración y deseo, dicción y palabra (que en su analizante debe propiciar el analista), está también presente en el callar de este último como intención de decir sofrenada.

Así, el callar (aleación de querer y de decir, especie de "querer-decir" retenido) propicia el despunte del deseo que habita al analizante cuyo discurso evidencia un "querer decir" algo más de lo que al fin dice, un sentido a descifrar marcado por la indecibilidad inherente a todo texto.

En cuestiones de lenguaje, dice Lacan, "se trata de una sucesión de ausencias y presencias, o más bien de la presencia sobre fondo de ausencia, de la ausencia constituida por el hecho de que una presencia puede existir. No hay ausencia en lo real".[51] Y es que el significante mismo es el que introduce las nociones de ausencia y presencia. Así, el callar del analista acentúa su presencia (al tiempo que la desdibuja), porque pudiendo hablar no lo hace. La ausencia de su palabra, ocurre sobre un trasfondo de posibilidad: la de que esa palabra se

---

[50] Barthes, Roland, "La muerte del autor" [1968], en: *El susurro del lenguaje. Más allá de la palabra y la escritura* [1984], Barcelona, Paidós, 1987, p. 68.

[51] Lacan, J., *El Seminario. Libro 2. El yo en la teoría de Freud y en la técnica psicoanalítica (1954-1955)*, Buenos Aires, Paidós, 1983, p. 461.

presentifique; pero si calla, será para no ocluir la enunciación que por y para su escucha sucede.[52]

En cuanto al silencio que acontece en la situación analítica, apunta Lacan: "Me callo [...] frustro al hablante. [...] Si lo frustro, es que me pide algo. [...] su demanda es intransitiva, no supone ningún objeto. Por supuesto su petición se despliega en el campo de una demanda implícita, aquella por la cual está ahí: la de curarlo, revelarlo a sí mismo".[53]

La palabra, dice Heidegger, *es* técnica: porque la naturaleza responde al significante (en un efecto mágico);[54] porque lo real obedece a lo simbólico (cuando emerge la verdad); porque de la palabra adviene lo que no estaba. Pero el silencio de la escucha que es inherente a la práctica psicoanalítica, también es un proceder técnico: por preservar la neutralidad del analista; por obligar a que lo real se manifieste; por incitar a una producción (la de la palabra misma) que develará lo que no estaba en lugar alguno y que aparece por ese silencio propiciador.

---

[52] Muy distintas eran las cosas en los albores del psicoanálisis. Cuenta Freud que uno de sus opositores "llegó a gloriarse de tapar la boca a sus pacientes cuando empezaban a hablar de cosas sexuales". Freud, Sigmund, "Presentación autobiográfica" (1925[1924]), en: *Obras completas*, t. XX. Trad. de José L. Etcheverry. Buenos Aires, Amorrortu, 1986, p. 46. Sin dificultad, podríamos considerar que este opositor era un partidario natural de Ernst Schweninger quien el 5 de febrero de 1898, en una conferencia conjunta con el escritor Maximilian Harden, dijo "que envidiaba a los veterinarios porque sus pacientes no podían hablar". Véase: Freud, S., *Cartas a Wilhelm Fliess (1887-1904)*, Buenos Aires, Amorrortu, 1986, p. 327.

[53] Lacan, J., "Más allá del principio de realidad" (1936), en: *Escritos* [1966], vol. 1, México, Siglo XXI, 1999, p. 73.

[54] Véase: Lacan, J., "La ciencia y la verdad" (1965), en: *op. cit.*, p. 849.

"Toda verdadera escucha retiene su propio decir. [...] Hay escucha en la medida en que hay pertenencia al mandato del silencio".[55] ¿Escucha de qué? De la palabra enunciada, sin duda, pero también de la palabra ocluida que, por ejemplo, todo síntoma entraña. Más aún, como formación de compromiso que manifiesta una pulsión, *toda* palabra *es* sintomática. Susceptible de ser descifrado por su carácter *escritural*, el síntoma "no es una significación, sino su relación con una estructura significante que lo determina. [...] de ese girón (*sic*) de discurso, a falta de haber podido proferirlo con la garganta, cada uno de nosotros está condenado, para trazar su línea fatal, a hacerse su alfabeto vivo".[56] Así, el síntoma *se da a leer* en el sujeto que lo padece. Deletrear el goce ahí inscrito es lo que el analista intenta hacer, descifrar ese jirón de discurso (corregida la errata) de la que Lacan habla; esto es, gajo arrancado al discurrir temporal, jirón de tiempo: *ragtime*.

En ocasiones, el silencio es el medio más adecuado para la lectura de un síntoma. Recuérdese aquel pasaje toral en el que la señora Emmy exige a un analista estupefacto, silencio: "Y hete aquí que me dice [narra Freud] con expresión de descontento, que no debo estarle preguntando siempre de dónde viene esto y estotro, sino dejarla contar lo que tiene para decirme".[57] Es probable que ese preciso momento marque el descubrimiento de la utilidad del silencio en la técnica psicoanalítica.

---

[55] Heidegger, Martin, *De camino al habla* [1959], Barcelona, Odós, 1987, p. 30.

[56] Lacan, J., "El psicoanálisis y su enseñanza" (1957), en: *op.cit.*, p. 427.

[57] Freud, S., "Estudios sobre la histeria" (1893-1895), en: *op. cit.*, t. II, p. 84.

Si "lo que el analista instituye como experiencia analítica [...] es la histerización del discurso",[58] puede inferirse que la palabra del analizante encuentra una posibilidad de despliegue confrontada al silencio del analista; silencio que a un tiempo vela y revela el deseo de éste: lo vela por cuanto al callar preserva el enigma sobre su deseo;[59] lo revela porque callando posibilita el suceder de lo que como analista desea: que haya análisis.

De ahí que este libro busque explicitar el fundamento técnico que subyace al callar en la práctica analítica y al silencio en psicoanálisis. Aquí no interesa "ese silencio que es el privilegio de las verdades no discutidas" al que Lacan alguna vez aludiera.[60] Se trata justamente de discernir y elucidar, de discutir y explicar, para así esclarecer un proceder técnico (y, por ende, ético) en extremo complejo, que nada tiene que ver con una convención a la que un psicoanalista simplemente se adhiere ignorando la racionalidad que sustenta su quehacer clínico.

Así, la imagen de un analista siempre silencioso no implica que las razones técnicas en las que tal silencio debiera fundarse estén en juego. He aquí un botón de muestra: cuenta Octave Mannoni que el silencio de Freud era común sólo en el tratamiento de ciertos pacientes: hacia 1922, James Strachey,

---

[58] Lacan, J., *El Seminario. Libro 17. El reverso del psicoanálisis (1969-1970)*, Buenos Aires, Paidós, 1992, p. 35.

[59] "El deseo del analista [es] una *X*". Lacan, J., *El Seminario. Libro 11. Los cuatro conceptos fundamentales del psicoanálisis (1964)*, Buenos Aires, Paidós, 1987, p. 282.

[60] Lacan, J., "La dirección de la cura y los principios de su poder" (1958), en: *Escritos* [1966], vol. 2, p. 597.

John Rikman y Abraham Kardiner eran analizantes de Freud; los dos primeros preguntan a Kardiner si Freud era o no silencioso con él:

> — *Me he permitido pensar*— dijo Rikman —*que Freud habla con usted—*.
> — *Sí*— respondió Kardiner.
> — *Pero, ¿cómo lo consigue?*
> — *No lo sé muy bien, es extremadamente locuaz, ¿cómo es con usted?*
> — *Jamás dice una palabra, hasta sospecho que duerme.*[61]

En sesión de análisis, Kardiner mismo le contó esto a Freud, quien respondió "que en aquel momento soportaba mal a sus pacientes y que el trabajo terapéutico le aburría".[62] Este episodio es relevante para los historiadores del movimiento psicoanalítico, dice Mannoni, porque Kardiner dedujo de ello "que el comportamiento silencioso de Freud respecto a esos estudiantes británicos dio lugar al nacimiento de la escuela inglesa, según la cual el analista no debe abrir la boca, sino para decir *buenos días* y *hasta la vista*".[63] Mannoni llega a proponer otra razón del silencio de Freud (ajena, por cierto, a una perspectiva técnica): la molestia provocada por su prótesis mandibular y palatina.

---

[61]   Mannoni, Octave, "El juramento de Harpócrates" [1993], en: *Tres al cuarto*, núm. 2, Barcelona, 1993, p. 10.

[62]   *Idem.*

[63]   *Idem.* Octave Mannoni no especifica de qué fuente extrajo los testimonios transcritos.

Por escuchar, el analista ya interviene. Y de su silencio como de su callar debe hacerse cargo (condición que se robustece si decide hablar). Su silencio es un acto codificado que insta al analizante a ensayar (fantasmatizar) un posible desciframiento de ese rasgo del código. De manera que sólo cuando el silencio está comandado por preceptos técnicos, sortea el riesgo de ser arbitrario. Su fundamento, pues, está normado, legislado.

No se olvide que el psicoanalista es un fedatario por cuanto da fe de lo que le es dirigido. Su función no es complementar lo que escucha sino puntuar con el menor margen de invasión posible. El analista no opone su propio texto al del analizante, sólo posibilita la emergencia discursiva de quien consulta. En su callar o en su hablar sucinto, la función del analista es invariable: propiciar desde un *repliegue* silente el *despliegue* enunciativo del analizante hablando sólo para reintegrarlo al cauce de su propia locución.

Señálese también que el silencio (entendido como un proceder técnico) no siempre puede atribuirse a quien calla: en una intervención que se retiene hasta el momento en que debe ser aportada, hay un callar que (por aguantar la palabra aún-no dicha), revela una intención propiciatoria en el otro; ahí reside su fundamento técnico. Pero si el callar es simple y llanamente ausencia de palabra, es la escucha del analista la que acusa una condición distinta: atiende a la palabra que por él se emite sólo en la medida en que asiste a su proferición. Testificarla, tomar parte en ella (aun callando) requiere de algo más que estar silencioso durante la sesión analítica. Sólo un analista advertido del poder que el callar tiene puede transmitir un silencio convincente.

"No saldré del silencio [...] como no sea en la esperanza de dar la palabra a otro encontrado en una ausencia de encuentro, a otro que ha guardado en mí la palabra silenciosa del enigma. Este silencio convoca a mi palabra: por la convocación, heme ahí movido a acudir al lugar mismo de donde ella me ha venido".[64] Si esta cita correspondiera a la voz de un analista, convendría desmenuzarla letra a letra: se trata de no hablar para ceder la palabra al otro del (des)encuentro analítico cuyo silencio hace suponer un saber acallado. Como el silencio –según parece– fuerza a hablar, el analista concurre, no al lugar de la palabra sino a aquél del que ésta proviene: el silencio mismo.

Sucede a veces que "el analista vacile porque no sabe cómo se situará su *voz*, que revelará la posición de donde habla", dice Zolty.[65] El silencio es su alternativa porque, como un proceder entre otros posibles, el analista declina colocarse en el lugar de quien comprende, sabe o está en posibilidad de juzgar.

Así las cosas, el analizante expresa su desazón, sus incertidumbres, las verbaliza. Y en este acto de habla está implicada una interrogación no necesariamente explícita: cómo remontar aquello que lo lleva a análisis: "el destinatario de una pregunta se halla en la obligación de responder, aunque sea confesando su incompetencia, de manera que el acto de habla que le ha sido dirigido crea para él, a su vez, en virtud de las leyes del discurso, una especie de 'deber' de hablar".[66]

---

[64] Villa, François-Daniel, "El mutismo del niño autista. ¿Una promesa de silencio?", en: Nasio, J. D. (ed.), *op.cit.*, p. 181.

[65] Zolty, Liliane, "El psicoanalista a la escucha del silencio", en: Nasio, J. D. (ed.), *op. cit.*, p. 196.

[66] Ducrot, Oswald, *Decir y no decir* [1972], Barcelona, Anagrama, 1982, p. 9.

Pero el analista, destinatario de la formulación de ese sufrimiento, calla. De nada valen las peticiones del analizante: *me preguntaba si..., a veces no sé si...*. Silencio. Todas las posibilidades hermenéuticas —según el estado que guarde la transferencia— serán desplegadas fantasmáticamente por quien consulta: *calla porque aprueba, calla porque desaprueba; calla y condesciende, calla y desotorga.* Y el acuse de recibo es —las más de las veces— el silencio. Lo que no siempre se advierte es que el silencio mismo, como un acto de habla cualquiera, está sometido también a aquellas leyes del discurso que fuerzan a contestar. "Tiene el silencio, con todo, y si le damos tiempo, una virtud que aparentemente se le niega, la de obligar a hablar".[67]

A finales del siglo II ya preguntaba Clemente de Alejandría en su *Excerpta Theodoti* (78, 2): "¿Quiénes éramos, qué hemos venido a ser, dónde estábamos, dónde hemos venido a parar, hacia dónde nos precipitamos, de dónde hemos sido rescatados, qué nacimiento y qué renacimiento?".[68] Estas preguntas que hacia el siglo XVII —el de ese gran *silenciólogo* que fue Baltasar Gracián— refrendaban toda su vigencia y que hoy día se formulan de múltiples maneras en cada proceso psicoanalítico, de ser ahí explicitadas, ¿qué respuesta merecerían de quien fuera interpelado?

Sabemos que el arco de la posible respuesta es tensado por la pregunta ya que de ésta "depende el tipo de respuesta.

---

[67] Saramago, José, *El evangelio según Jesucristo* [1991], México, Seix Barral, 1995, p. 230.

[68] Panikkar, Raimon, *El silencio del Buddha* [1996], Madrid, Siruela, 1996, p. 351, n. 5.

De hecho, es la pregunta la que ofrece el marco donde las respuestas tienen que inscribirse. Toda pregunta contiene ónticamente la respuesta y la condiciona de tal manera que toda respuesta no es más que la manifestación ontológica de la pregunta".[69] Dice Wittgenstein: "Respecto a una pregunta que no puede expresarse, tampoco cabe expresar la pregunta. El *enigma* no existe. Si una pregunta puede siquiera formularse, también *puede* responderse".[70]

Para decirlo de manera sucinta: se trata de "la pregunta por la que la ya habida respuesta se hace propia del sujeto que puede, por la pregunta, hacerla ya suya".[71] Para Lacan, en todo diálogo "se trata de hacer decir por el interlocutor supuesto lo que motiva la pregunta misma del locutor, es decir, encarnar en el otro la respuesta que ya está ahí".[72] Sin embargo, en el cuestionamiento sobre lo que el sujeto vive como límite pulsa una expectativa ulterior: la de toparse con una respuesta última que aniquile lo contingente. Sólo el silencio (o la pregunta devuelta, o la repetición textual de lo escuchado que no son sino formas encubiertas de callarse para que el otro *se* diga) es responsable: porque, como respuesta, ensancha el confín que la misma pregunta delinea y porque en lo tácito reconoce –ética mediante– que cualquier otra respuesta no puede ser sino vacua.

---

[69] *Ibid.*, p. 268.

[70] Wittgenstein, Ludwig, *Tractatus Logico-Philosophicus* [1914-16], Barcelona, Altaya, 1994, p. 181. (6.5)

[71] Zambrano, María, *El sueño creador* [1965], Madrid, Agilra, 1969, p. 42.

[72] Lacan, J., *El Seminario. Libro 20. Aún (1972-1973)*, Buenos Aires, Paidós, 1975, p. 167.

Cabe aquí precisar lo siguiente: en el caso de la pregunta formulada por el analizante y devuelta por el analista, se busca relanzar el proceso de la palabra en despliegue evitando su oclusión. Entiéndase este silencio trucado como una llamada discreta a reconocer que la pregunta condiciona −si se obtuviera− una respuesta inadecuada. La única pertinente, aquella que disolvería el desamparo que la causa, tendría que ser una respuesta de aquel orden −no eventual, no contingente− en el que la pregunta que la causa no podría ya formularse. Y si la adecuación entre pregunta y respuesta fuera posible, "cuando obtenemos la respuesta que esperábamos, ¿es de verdad una respuesta?".[73]

El método budista del acallamiento de la pregunta es en algunos puntos interesante para la técnica analítica: Buda, más que callar, elimina la pregunta. No se trata en rigor de una respuesta silente sino del silencio como respuesta. No se calla (puesto que no ha hablado todavía); guarda silencio para que su no-respuesta evidencie que, en estricto, nada se le ha preguntado; no propone el silencio como solución a los cuestionamientos, sino como *(di)solución* de los mismos; obliga a entrever que, en el proceso de renunciar a la creaturabilidad, cualquier contestación es vacía porque las preguntas no tienen respuesta satisfactoria posible; si colmar el espacio que una pregunta instituye fuera factible, escapar a lo contingente también lo sería. La respuesta absoluta, la clave del misterio que haría inútil todo cuestionamiento, no es asequible a nuestra condición.

---

[73] Lacan, J., *El Seminario. Libro 2. El yo en la teoría de Freud y en la técnica psicoanalítica (1954-1955)*, p. 356.

El retiro del santo "es el ademán externo de su silencio. [...] El *koan* zen —conoces el sonido de dos manos que dan palmas: ¿cuál es el sonido de una sola?— es un ejercicio de verdaderos principiantes en el abandono de la palabra".[74] Según la doctrina budista, es la no correspondencia entre la pregunta (formulada desde la contingencia) y la respuesta que se pretende (*incontingente*, si así pudiera decirse) lo que autoriza a calificar a la primera como vacua, superflua y aun ininteligible por ignorarse la naturaleza misma de lo que se cuestiona.

Es por eso que más que proponer soluciones, Buda invitaba a la disolución del cuestionamiento, porque el yo que lo planteaba era causa de que éste fuera incorrecto, ilusorio. Lacan afirma que el yo (*moi*) "en ninguna circunstancia puede ser otra cosa que una función imaginaria".[75]

En análisis puede haber preguntas impertinentes (comenzando por aquellas que —viniendo del analista— no tienen causa en el decir del analizante). Mas, de todas las respuestas posibles, las del analizante pudieran ser inoperantes mientras las del analista podrían ser improcedentes. No se trata de que el analizante plantee debidamente una pregunta tanto como de que el analista vele por la pertinencia de su respuesta. "Hay que sopesar cada palabra. Y ante todo ver si la palabra es sopesada cada vez en su peso total, que a menudo permanece

---

[74] Steiner, George, *Lenguaje y silencio* [1976], México, Gedisa, 1990, pp. 34-35.

[75] *Ibid.*, p. 84.

secreto".[76] Es por eso que al analista lo debería caracterizar la declaración sucinta y la circunspección locutiva, ponderada.

"La práctica del psicoanálisis está sostenida por la palabra del analista, aun y especialmente cuando éste calla".[77] De tal manera que el analista no sólo debe callar sino *acallar* el ansia de respuestas que a él se enfila –y que por otro lado acucia– para propiciar la positivización del inconsciente en la palabra desplegada de quien le habla. Pero el analista también mitiga lo que en sí mismo bulle, pues "no se trata sólo de la operación de callar, sino de hacer callar en sí la agitación imaginaria y de crear un espacio de vacuidad [...] Somos interpelados como psicoanalistas en el punto mismo en que debemos desempeñar la función de creadores de un espacio en que resonar sea posible".[78]

De esta manera, el silencio "empuja a decir", función esencial del quehacer analítico. El analista no ignora que al hablar vulnera su neutralidad en lo simbólico e interfiere con el análisis en curso al bloquear la circulación de la palabra. Se dice, y se dice bien que "lo que es verdaderamente esencial adviene pocas veces, repentinamente y en el silencio".[79] Aunque también es cierto que el silencio como forma de neutralidad simbólica no debe ser una práctica invariable al punto de ser

---

[76] Heidegger, M., *op. cit.*, p. 113.

[77] Braunstein, N., "Con-jugar el fantasma. (Los enunciados del analista)", en: Braunstein, Néstor, (ed.), *La interpretación psicoanalítica*, México, Trillas, 1988, p. 86.

[78] Nobécourt, Solange, "Debate con Juan David Nasio y Jean-Pierre Dreyfuss", en: Nasio, J. D., (ed.), *op.cit.*, p. 198.

[79] Heidegger, M., *op. cit.*, p. 43

ya previsible; el analista dejaría de estar donde no se lo espera, si cuida en exceso el no mermar la fuerza de su neutralidad.

De esta neutralidad "a preservar" hablaba –sin mentarla como tal– Freud cuando sugería a sus colegas "que en tratamiento psicoanalítico tomen por modelo al cirujano que deja del lado todos sus afectos y aun su compasión humana", adoptando la modestia expresada en la divisa de Ambroise Paré: "Yo curé sus heridas, Dios lo sanó".[80] Cualquier vulneración de esta neutralidad del analista "corresponde, según una certera expresión de W. Stekel [...] a un 'punto ciego' en su percepción analítica".[81]

Y es que la palabra "neutralidad", entendida como procedimiento técnico, sólo aparece en la obra freudiana un par de veces. En la primera ocasión, habla Freud de la atención flotante que permitiría al analista capturar "lo inconsciente del paciente con su propio inconsciente", y de la neutralidad que asegura "resultados confiables" en un análisis;[82] en el segundo trabajo aludido, al juzgar lo infructuosa que sería la colaboración entre ocultistas y analistas, Freud advierte: "El analista tiene su campo de trabajo [...]: lo inconsciente de la vida anímica. Si en el curso de su tarea quisiera estar al acecho de fenómenos ocultos, correría el riesgo de descuidar todo cuanto se halla más cercano. Ello le haría perder esa falta de cerrazón, esa neutralidad, esa desprevención que han

---

[80] Freud, S., "Consejos al médico sobre el tratamiento psicoanalítico" (1912), en: *op. cit.*, t. XII, p. 115.

[81] *Idem.*

[82] Freud, S., "Dos artículos de enciclopedia: 'Psicoanálisis' y 'Teoría de la libido'" (1923[1922]), en: *op. cit.*, t. XVIII, p. 235.

constituido una pieza esencial de su armamento y dotación analíticos".[83]

Acaso la idea de "armamento" pudiera sugerir que la neutralidad es una táctica (como regla de ejecución analítica). El sesgo técnico no es aquí, sin embargo, tan explícito como en la obra de Lacan, quien precisa: "Es a ese Otro más allá del otro al que el analista deja lugar por medio de la neutralidad con la cual se hace no ser *ne-uter*, ni el uno ni el otro de los dos que están allí, y si se calla, es para dejarle la palabra".[84] Así, el analista debe neutralizar la tentación de operar como pantalla receptiva (que reforzaría lo imaginario) y responsiva (que satisfaría la demanda). Su meta es darle carne al semblante de la impasibilidad y la apatía, ninguneándose evitando ser *otro* para el analizante.[85]

---

[83] Freud, S., "Psicoanálisis y telepatía" (1941[1921]), en: *op. cit.*, p. 171. Nótese que la noción misma de telepatía entraña al silencio. Dice Lacan que Freud "se presta a este hijo perdido del pensamiento: que ella se comunica sin palabras". Lacan, J., *Psicoanálisis. Radiofonía & Televisión*, Barcelona, Anagrama, 1980, p. 12.

[84] Lacan, J., "El psicoanálisis y su enseñanza", en: *Escritos* [1966], vol. 1, p. 421. Neutralidad: del latín *ne uter*, "ni uno ni otro", "ninguno de los dos". Véase: Blanco, Vicente, *Diccionario Latino-Español y Español-Latino* [1941], Madrid, Aguilar, 1968, p. 319. No es ocioso recordar que una de las últimas obras de Nicolás de Cusa se titula *Tetralogus de Non Aliud* (*Tetrálogo sobre el No Otro*).

[85] Debe señalarse que hay también otro nivel silente que opera en el transcurso de una cura relativo a una serie de hechos del lenguaje (no verbalizados) que el analista no explica: la ubicación de su consultorio, la disposición del mobiliario, la ausencia o presencia de imágenes, los colores elegidos, etcétera. Ese trasfondo material relativamente estable que se denomina "dispositivo" (escenario del llamado encuadre), no es —contra las apariencias— neutral; sin embargo, paradójicamente, constituye el soporte

La neutralidad pareciera entrañar una elección necesaria: *acción* o *dicción*. Pero el silencio muestra que esta disyuntiva es falsa: si callar (como forma de silencio posterior a la palabra) es un no-decir significando (una suspensión significativa del habla), la acción puede ser atributo de la palabra y del silencio por igual. El callar es *un hacer que dice* (acción y dicción a un tiempo). El callar es una forma de silencio elocuente, significante, en cuanto renuncia a un pronunciamiento. Si el callar permite prever una declaración (que puede o no producirse), el silencio se torna significativo por abrir la expectativa de su fractura: el callar delinea un horizonte de posibilidad sobre una palabra aún no enunciada pero previsible.

Antes que la palabra, es la escucha lo que el psicoanálisis privilegia. De ahí que el silencio del analista sea una exigencia ética. Y siendo el callar un acto, más allá del decir (del signar) hay un hacer (un señar). Así, en la palabra diferida del callar hay un signo, un gesto que seña: "Esto es lo propio de las señas. Son enigmáticas. Nos 'señan' el *acuerdo*. Nos 'señan' el *rechazo*. Nos 'señan' atrayéndonos *hacia* aquello desde lo cual, de improviso, se 'portan' hacia nosotros [El señar se emparenta así con el gesto, que es] recogimiento de un 'portar'".[86] De ahí la importancia de la palabra que el callar retiene: palabra no enunciada, sino postergada; no proferida, sino diferida. "Un pensador preferiría retener la palabra-por-decir (*das zu-sagende*), no con el fin de guardarla para sí mismo, sino, al

---

material en el que la neutralidad del analista se escenifica.

[86] Heidegger, M., *op. cit.*, pp. 107 y 98 respectivamente.

35

contrario, para llevarla al encuentro de lo que es digno de pensar".[87]

Iki es para los japoneses "la brisa del silencio del resplandeciente encantamiento", siendo el encantamiento lo que arrebata, "lo que arrastra (*Hinzükken*) hacia el silencio. El señar (*Der Wink*) inherente al callar del analista sería, desde este punto de vista, en tanto enigma que produce un esclarecimiento, un sigilar que dilucida, un "mensaje de velamiento esclarecedor [...] Es la creciente comprensión de lo intocable que el misterio del Decir nos vela".[88] Ese "indeterminado que determina" del que habla Heidegger en otro contexto[89] es el silencio del callar.

Dice Jean-Paul Sartre: "callarse no es quedarse mudo, es resistirse a hablar y, por eso, hablar todavía".[90] Podemos hablar de un *argumentum a silentio* (argumento sacado del silencio) o, más estrictamente, de un *argumentum ex silentium* (argumento a partir del silencio). Usada con propiedad, esta última expresión se refiere a aquella situación en la que "no se hace mención alguna [...] de algo cuya mención se esperaría", como es aquí el caso.[91] Más aún: "Hablamos incluso cuando no pronunciamos palabra alguna y cuando sólo escuchamos o leemos".[92] El silencio *habla* en tanto enuncia un contenido.[93]

---

[87] *Ibid.*, p. 107.

[88] *Ibid.*, pp. 128 y 134.

[89] *Ibid.*, p. 102.

[90] Block de Behar, L., *op. cit.*, p. 17.

[91] Véase: Herrero Llorente, Víctor José, *Diccionario de expresiones y frases latinas* [1980], Madrid, Gredos, 1995, p. 155.

[92] Heidegger, M., *op. cit.*, p. 11.

[93] Véase: Herrero Llorente, V. J., *op. cit.*, p. 18.

Pero quizá sea Wittgenstein el filósofo que con más rigor ha explorado las implicaciones del silencio; su obra cuestiona de punta a punta "si hay una relación verificable entre la palabra y el hecho. Lo que llamamos hecho pudiera ser acaso un velo tejido por el lenguaje para alejar al intelecto de la realidad. Wittgenstein obliga a preguntarnos si *puede hablarse* de la realidad, si el habla no será sólo una especie de regresión infinita, palabras pronunciadas a propósito de palabras";[94] una suerte de puesta en abismo de reflejos lenguajeros.

El silencio es entonces una señal que se percibe, en el entendido de que *señar* es "el rasgo fundamental de toda palabra".[95] Y es que aquí también se trata de una palabra... retenida. El enigma intrínseco al "señar" se magnifica cuando la palabra no es dicha; más precisamente, cuando la palabra *es* no dicha. Esto evoca lo que en el *Tractatus Logico-Philosophicus* postula Wittgenstein: que la filosofía "debe delimitar lo pensable y con ello lo impensable. Debe delimitar desde dentro lo impensable por medio de lo pensable".[96] La filosofía, entonces, "significará lo indecible en la medida en que represente claramente lo decible".[97]

En psicoanálisis, hay también y siempre un inefable; no hay experiencia analítica sin la pretensión de enunciar lo

---

[94] Steiner, G., *op. cit.*, pp. 44-45. Habría que distinguir en este pasaje de Steiner lo real de la realidad. Por supuesto que en función de la dimensión inefable inherente a lo real, puede hablarse de la realidad que es ese jirón articulable del indecible real.

[95] Heidegger, M., *op. cit.*, p. 104.

[96] Wittgenstein, L., *op.cit.*, p. 67. (4.114)

[97] *Idem*. (4.115)

improferible. Lo que resiste a ser dicho no es –en rigor– lo indecible, sino lo suprimido, lo sojuzgado, lo reprimido. Lo indecible no pide ser dicho, no es (no *será*) inconsciente: *es* silencio cuyo atisbo es conjetura palabrera. Ahora bien, que no pueda decirse no quiere decir que no pueda mostrarse. Más aún, "lo que *puede* ser mostrado no *puede* ser dicho", pues "lo inexpresable, ciertamente existe. Se *muestra* en lo místico".[98]

"Wittgenstein encuentra el modo de decir una buena cantidad de cosas sobre aquello de lo que nada se puede decir", razona Bertrand Russell en la introducción al *Tractatus Logico-Philosophicus*.[99] Lo mismo vale para el analista que debe encontrar la manera de evocar (en silencio, callando, o con brevísimas intervenciones) eso de lo que prácticamente no puede decirse nada.

Aún más, Wittgenstein puntualizó en sus *Cartas a Ludwig von Ficker*: "Mi trabajo consta de dos partes: la expuesta en él más todo lo que *no* he escrito. Y *es esa segunda parte precisamente lo que es lo importante*".[100] Muy probablemente suceda algo parecido con un análisis que llega a un desenlace: en lectura retroactiva puede concluirse que lo más importante fue lo no dicho (pero no por sojuzgamiento, juicio de condena, represión, desmentida o forclusión, sino sencillamente por improferible).

---

[98] *Ibid.*, pp. 67 (4.1212) y 183 (6.522).

[99] *Ibid.*, p. 196.

[100] Janik, Allan y Toulmin, Stephen, *La Viena de Wittgenstein* [1973], Madrid, Taurus, 1987, p. 243.

Así, el método filosófico correcto consistiría en "no decir nada más de lo que se puede decir".[101] Desde lo psicoanalítico, en cambio, se trataría de fracasar una y otra vez en el esfuerzo por articular lo inefable. La frustración reiterada por apalabrar lo insusceptible de advenir discurso no obsta, sin embargo, para que el analizante deduzca el sentido de su deseo (articulado en lo inconsciente y, empero, no articulable).

El lenguaje es una escalera que se debe tirar después de usarla, dice la penúltima proposición del *Tractatus Logico-Philosophicus* (6.54), en clara alusión a la imagen que a principios de siglo había hecho célebre Fritz Mauthner en sus estudios sobre el lenguaje;[102] la última proposición (7) asevera que la palabra es, a veces, impertinente: *Wovon man nicht sprechen kann, darüber mu' man schweigen* ("De lo que no se puede hablar, hay que callar").[103] Pero Adorno pregunta: si no es de eso, ¿de qué, entonces, vamos a hablar? Ciertamente: "Lo que Wittgenstein explica que sólo puede decirse lo que se puede decir con claridad, y que sobre lo demás hay que callarse [...] es una simple vulgaridad porque pasa por alto justamente lo que le interesa a la filosofía: la paradoja de decir por medio del concepto lo que no se puede decir precisamente por medio de conceptos, decir lo indecible".[104] Aún más: "La filosofía es

---

[101] Wittgenstein, L., *op. cit.*, p. 183. (6.53)

[102] van Peursen, Cornelius A., *Ludwig Wittgenstein* [1973], Buenos Aires, Carlos Lohlé, 1973, p. 24.

[103] Wittgenstein, L., *op. cit.*, p. 182.

[104] Adorno, Theodor W., *Terminología filosófica* [1962], t. I. Madrid, Taurus, 1976, p. 43.

el esfuerzo permanente e incluso desesperado de decir lo que no puede propiamente decirse".[105]

Nasio afirma que el silencio "es toda una posición del analista" que también puede ejercerse en un decir que mantenga una "dimensión de reserva".[106] El analista hace semblante "de lo que sería el objeto de la pulsión, es decir, la insatisfacción. Ésa es la función del analista, la de evocar al paciente, por su silencio, el hecho de que él representa el dolor [como si le dijera] yo represento lo indecible del dolor. [Y sin dejar de hacer, hace] sentir que continúa representando lo indecible de la voz, lo indecible del dolor".[107]

De manera que, aun hablando, el analista puede resguardar su condición enigmática. Su silencio, desde este punto de vista, también puede subsistir en lo que articula. Y es que "el silencio del analista no es abdicación ni ausencia, y el silencio que él instaura no es un vacío, sino una 'presencia otra en un silencio compartido'".[108] Mas si el analista opta por el silencio fingido en el callar, éste debe serle favorable... a la cura (*Sorge*), causa final del psicoanálisis.

Se impone una pausa: el término *Sorge*, tan importante en la analítica existenciaria que en *El ser y el tiempo* trabaja Heidegger, define varias cosas a la vez: el "siempre ya haber sido" (*pre-ser*); la proyección de las posibilidades del ser-ahí

---

[105] *Ibid.*, p. 63. El intento de matematizar al psicoanálisis, ¿se relaciona indirectamente con la tentativa no de enseñar sino de *transmitir* con la menor cantidad de significantes posible?

[106] Nasio, J. D., "Presentación", en: Nasio, J. D. (ed.), *op. cit.*, p. 11.

[107] *Ibid.*, pp. 114-115.

[108] *Ibid.*, p. 194.

(*pre-ser-se*) y la facultad de *ser-en-*(el)-*mundo*. *Pre-ser-se-ya-en-el-mundo* sería una definición posible de cura. El *ser-ahí* se entiende entonces como "siempre habiendo ya sido" cuyo *proyecto existenciario* implica ya la temporalidad. La *existenciariedad* provoca angustia (*Angst*) y el *ser-ahí* busca encontrarse a sí mismo preguntándose por lo que puede llegar a ser. La cura es entonces la preocupación (*Besorgen*) por sí mismo, en los dos sentidos que la frase permite. (Acaso sea más claro si se dice "preocupación *de* sí mismo".) Se entiende así que los sentidos de esta voz implican el "cuidarse *a* sí mismo" tanto como el "cuidarse *de* sí mismo". El "cuidado" expresa el ser del hombre y no puede tener lugar sino en el tiempo, del mismo modo que es de la temporalidad del hombre que el "cuidado" obtiene su sentido. [109] La voz francesa *souci*, para ilustrar lo anterior, significa "preocupación, ansia *de* sí mismo". La inquietud es, entonces, *de* sí mismo y *por* uno mismo, como causa.

El silencio es una de las herramientas que el analista tiene para dirigir la cura. Su callar confronta al analizante con el insondable deseo del Otro que hace semblante del silencio eterno. El callar, bordeado de la palabra, remite a aquella otra palabra sin borde que es el silencio. *¿Qué lugar ocupo en el deseo del Otro?*, se pregunta el sujeto; *¿qué quiere de mí y cómo puedo posicionarme frente a ese deseo?*

---

[109] Véase la voz "Cuidado", en: Cortés Morató, Jordi y Martínez-Riu, Antonio, *Diccionario de Filosofía* [1996], Barcelona, Herder, 1996. (Versión electrónica).

"El analista no se abandona al silencio, sino que se deja portar por él hasta la precipitación de un decir".[110] Es por eso que una palabra inoportuna sólo tapona la enunciación del analizando. Si el analista no se deja portar por el silencio, como sugiere Zolty, corre el riesgo de creer que su saber no es sólo supuesto: "El inconsciente se cierra en efecto por el hecho de que el analista 'ya no porta la palabra', porque sabe ya o cree saber lo que ella tiene que decir. Así, si el analista habla al sujeto, que por lo demás sabe otro tanto, éste no puede reconocer en lo que él dice la verdad naciente de su palabra particular".[111] Por lo demás, "portar la palabra" o dejarse "portar por el silencio" son expresiones que parecen sugerir un *desplazamiento* que busca advenir *emplazamiento*.

Y es que de su no saber y hasta de la ignorancia sobre su decir (no sobre su hacer, que sería impericia), emerge el silencio del analista. Parafraseando a Nasio, podríamos pensar que el analista, cuando calla, puede incluso no saber *lo que* calla, a condición de que sepa por qué resuelve no hablar.

Así, viniendo del analista, "se trata en ocasiones de un saber silencioso, mientras que en otras de un silencio ignorante".[112] Aunque, en estricto, el silencio del analista sólo remite a un supuesto saber, y en todos los casos *es* ignorante.

---

[110] Nobécourt, Solange, "Debate con Juan David Nasio y Jean-Pierre Dreyfuss", en: Nasio, J. D. (ed.), *op. cit.*, p. 194.

[111] Lacan, J., "Variantes de la cura-tipo" (1955), en: *op.cit.*, p. 345.

[112] Mannoni, O., "El juramento de Harpócrates" [1993], en: *op.cit.*, p. 12. La máxima latina de Publilius Syrus: *Taciturnitas stulto homini pro sapientia est* ("En el hombre necio el silencio hace las veces de sabiduría") se decanta por la primera posibilidad; uno de nuestros refranes castellanos, por la segunda: "El bobo, si es callado, por sesudo es reputado". Herrero Llorente, V. J., *op. cit.*, p. 450.

Capítulo 2

Semántica lingüística y semántica psicoanalítica

> ¡El que tenga algo que decir, que se adelante y calle!
>
> Karl Kraus[1]

Dice Lacan que hay un conjunto de fenómenos en los que los psicoanalistas han aprendido "a encontrar el secreto del síntoma, dominio inmenso anexado por el genio de Freud al conocimiento del hombre y que merecería el título propio de 'semántica psicoanalítica': sueños, actos fallidos, lapsus del discurso, desórdenes de la rememoración, caprichos de la asociación mental, etcétera".[2]

En lo que sigue, se expondrán algunos puntos de convergencia entre dos órdenes de significancia: la semántica lingüística y lo que Lacan denomina "semántica psicoanalítica".

En una de sus obras capitales, Freud habla de las razones del trastrabarse. Pensar distinto a lo que uno manifiesta se traduce a veces en trocar lo que uno querría decir por su opuesto, lo que no hace sino revelar un proceso de autocrítica

---

[1] Véase: Benjamin, Walter, *Sobre el programa de la filosofía futura y otros ensayos*, México, Planeta-De Agostini, 1986, p. 162.

[2] Lacan, Jacques, "Variantes de la cura-tipo" (1955), en: *Escritos* [1966], vol. 1, México, Siglo XXI, 1999, p. 320.

equivalente al juicio de condena; de tal manera que a veces "la equivocación en el habla pone al descubierto la insinceridad interior".[3] Se trata en psicoanálisis de dilucidar sentidos en "las divagaciones nunca tan permitidas a la salida de una boca como en los lapsus nunca tan ofrecidos a la abertura de un oído".[4] Sojuzgamiento (juicio de condena) y lapsus en tándem sintomático.

Las omisiones por olvido delatan también motivos que han sido sigilados. El propósito de hacer o decir algo que finalmente se olvida, muestra un proceso subyacente: en el lapso que va del propósito a su olvido "es muy posible que sobrevenga una alteración de los motivos, de modo tal que el designio no llegue a ejecutarse; pero en este caso no es olvidado sino revisado y cancelado".[5] Esta inspección segunda de la intención original que desemboca en la anulación del propósito (disimulada como olvido), conduce a lo que Freud llama "motivos no consabidos y no confesados".[6] Decir inconfesado en este caso concreto es referirse a un silencio que filtra lo que para el sujeto es inadmisible y que emerge transfigurado en olvido.

No obstante, lo así disimulado se hace notar por otros medios. Lo que a fuerza de eludirse acaba por señalarse con más fuerza, denuncia una fijación del sujeto, y toda *coagulación*

[3] Freud, Sigmund "Psicopatología de la vida cotidiana" (1901), en: *Obras completas*, t. VI. Trad. de José L. Etcheverry. Buenos Aires, Amorrortu, 1986, p. 88.

[4] Lacan, J., "Situación del psicoanálisis y formación del psicoanalista en 1956" (1956), en: *op. cit.*, p. 444.

[5] Freud, S., "Psicopatología de la vida cotidiana" (1901), en: *op. cit.*, t. VI, p. 150.

[6] *Ibid.*, p. 153.

subjetiva, por decir así, "es ante todo estigma histórico: página de vergüenza que se olvida o que se anula o página de gloria que obliga. Pero lo olvidado se recuerda en los actos, y la anulación se opone a lo que se dice en otra parte".[7]

Lo mismo vale de estas intenciones no confesadas para los casos donde una impericia es mantenida reiteradamente.[8] También se revela lo inconfesable mediante acciones sintomáticas: "confesión por acción fallida", las llama Freud. Una "comunicación pantomímica" de este tipo se narra en el caso Dora: el jugueteo de la paciente con una carterita escenifica la masturbación. "El que tenga ojos para ver y oídos para oír se convencerá de que los mortales no pueden guardar ningún secreto. Aquel cuyos labios callan, se delatan con las puntas de los dedos; el secreto quiere salírsele por todos los poros".[9]

De modo que una dramatización silente es sintomática en la medida que pueda leerse como escritura cifrada. Sobre el mismo asunto, Lacan dirá que "el análisis se distingue entre todo lo producido con el discurso [...] por enunciar lo siguiente, hueso de mi enseñanza: que hablo sin saber. Hablo con mi cuerpo, y sin saber. Luego, digo siempre más de lo que sé.

---

[7]   Lacan, J., "Función y campo de la palabra y del lenguaje en psicoanálisis" (1953), en: *op.cit.*, p. 251.

[8]   Véase el ejemplo referido por Lou Andreas-Salomé. Freud, S., "Psicopatología de la vida cotidiana" (1901), en: *op. cit.*, t. VI, p. 166.

[9]   Freud, S., "Fragmento de análisis de un caso de histeria" (1905 [1901]), en: *op. cit.*, t. VII, p. 68.

Con ello llego al sentido de la palabra *sujeto* en el discurso analítico".[10]

Recuérdese que lo que en el discurso corriente se considera una equivocación (errores al escribir, omisiones por olvido) es acierto para el psicoanálisis. Lo que el plano consciente cataloga como pifia es, desde la óptica inconsciente, un trozo de verdad. De ahí que Lacan afirme que "todo acto fallido es un discurso logrado".[11] Al hablar o al escribir, los (supuestos) errores pueden denunciar lo que en principio debería quedar oculto, secreto.[12] Lo mismo vale para las comunicaciones pantomímicas que expresan silenciosamente lo que de otro modo permanecería absolutamente mudo. Luego entonces, hay también un silencio sobreentendido alrededor de estas cuestiones que –por considerarlas de bajo perfil– obstruye su cabal esclarecimiento. En conjunto, "el discurso del error" o "su articulación en acto" dan "testimonio de la verdad".[13]

Un mecanismo eficaz para la burla del juicio crítico es el que posibilita el chiste, sutil forma de velar lo que –sin decirlo– queda expresado; citando a Lipps, Freud escribe que "el chiste dice lo que dice no siempre con pocas palabras, pero siempre con un número exiguo de ellas. [...] Y aun puede

[10] Lacan, J., *El Seminario. Libro 20. Aún (1972-1973),* Buenos Aires, Paidós, 1975, p. 144.

[11] Lacan, J., "Función y campo de la palabra y del lenguaje en psicoanálisis" (1953), en: *op.cit.*, p. 258.

[12] Véase: Freud, S., "Psicopatología de la vida cotidiana" (1901), en: *op. cit.*, t. VI, p. 125.

[13] Lacan, J., "Variantes de la cura-tipo" (1955), en: *op. cit.*, p. 392.

llegar a decirlo callándolo".[14] Es así como el chiste facilita la expresión de lo que en otros casos se silenciaría por sucumbir a la inhibición que impondría un juicio crítico. Es, diríamos, un silencio refractado por cuanto cambia la trayectoria del sentido que –disimulado en la expresión, en la proferición del chiste mismo– se revela hasta entonces oculto.

En la transcripción de una de las conferencias de Freud, hay un par de líneas que acaso sirvan para ilustrar la discreta alusión a lo que no puede decirse que todo chiste entraña: "Justamente eso que ella quería insinuarle apenas, porque en verdad a toda costa debía callarlo...".[15] Se trata de una significación evocando otra, mecanismo presente en toda alusión.[16]

Fue, precisamente, a partir de un chiste (lo que minimiza la influencia que la obra de Rank tuviera en el fundador del psicoanálisis), que Freud aprehendió la conjetura de que el nacimiento es fuente y modelo de la angustia: un joven médico, compañero suyo, relata lo que una partera contestó a una pregunta de examen acerca del significado "de que en el parto apareciese meconio (alhorre, excremento) en el agua del nacimiento, y ella respondió sin vacilar: 'Que el niño

---

[14] Freud, S., "El chiste y su relación con lo inconsciente" (1905), en: *op. cit.*, t. VIII, p. 15. En otra edición dice: "[...] puede también decir todo lo que se propone silenciándolo totalmente". Freud, S., "El chiste y su relación con lo inconsciente" (1905), en: *Obras completas*, t. I. Trad. de Luis López-Ballesteros. Madrid, Biblioteca Nueva, 1973, p. 1032.

[15] Freud, S., "Conferencias de introducción al psicoanálisis" (1916-17[1915-17]), "2ª conferencia. Los actos fallidos", en: *Obras completas*, t. XV. Trad. de José L. Etcheverry. Buenos Aires, Amorrortu, 1986, p. 34.

[16] Un ejemplo esclarecedor puede leerse en: Lacan, J., *El Seminario. Libro 3. Las psicosis (1955-1956)*, Buenos Aires, Paidós, 1993, p. 85.

está angustiado'. Se rieron de ella y la reprobaron. Pero yo, calladamente, tomé partido por ella y empecé a sospechar que esa pobre mujer del pueblo había puesto certeramente en descubierto un nexo importante".[17] De modo que Freud no comparte el carácter cómico de la situación y –en silencio– extrae otra conclusión de la anécdota. *Perspicito tacitus quid quisque loquatur* ("Analiza en silencio lo que otro diga"), aconseja la máxima latina.[18]

Si callando puede decirse algo, es más significativo aún que lo dicho ponga "de relieve algo oculto o escondido".[19] De modo que un silencio puede significar el sentido abscóndito de otro silencio. El chiste no transvasa entre dos callares sino una sustancia hecha de sentido. Pero la significatividad (si así pudiera decirse) del sentido primero –el escondido u oculto– es producido por el sentido manifiesto que el chiste calla diciéndolo. Decir "sentido primero" sólo busca acentuar la retroacción en que éste se produce. Así, lo que el chiste expresa (lo oculto y lo manifiesto) constituye la emergencia de un sentido único.

La aparente contradicción del sintagma "decir callando" evoca la afirmación freudiana de que toda experiencia presenta dos aspectos y, por tanto, todo nombre tenga quizá un doble significado, lo mismo que para todo significado hay tal vez dos nombres. Freud asienta que *clamare* en latín es "gritar"

---

[17] Freud, S., "Conferencias de introducción al psicoanálisis" (1916-17[1915-17]), "25ª conferencia. La angustia", en: *op. cit.*, t. XVI, p. 361.

[18] Herrero Llorente, Víctor José, *Diccionario de expresiones y frases latinas* [1980], Madrid, Gredos, 1995, p. 346.

[19] *Idem.*

mientras *clam* significa "silencioso", "callado"; *stumm* es también "callado", "mudo" en alemán, mientras *Stimme* significa "voz". Decir en inglés *"without voice"* significaría, literalmente, "con-sin voz", siendo esta última una locución muy cercana en intención a lo que expresa "callar diciendo".[20]

Para abundar en lo antedicho, recuérdese que Oswald Ducrot opone diversas posturas sobre la función esencial de la lengua para reflexionar sobre el papel del silencio entre los actantes de un dispositivo analítico.[21] Según la concepción lingüística decimonónica –la llamada comparatista–, el acto de habla vehicula un pensamiento que busca explicitarse. Partiendo de esa perspectiva, el uso del habla "como medio de intercomprensión, no es considerado [...] más que como un efecto secundario".[22]

La perspectiva psicoanalítica es distinta: un pensamiento se expresa en el habla *a pesar* de sí mismo; tampoco hay entre sus actores "intercomprensión" pues la relación es ahí

---

[20] Freud, S., "Sobre el sentido antitético de las palabras primitivas" (1910), en: *op. cit.*, t. XI, pp. 151-152. Otra versión traduce *Stumm* como "mudo" (Freud, S., "El doble sentido antitético de las palabras primitivas" (1910), en: *Obras completas*, t. XVIII. Trad. de Ludovico Rosenthal. Buenos Aires, Santiago Rueda, 1954, p. 65). Este tema se aborda también en: Freud, S., "Conferencias de introducción al psicoanálisis" (1916-17 [1915-17]), "11ª conferencia. El trabajo del sueño", en: *Obras completas*, t. XV. Trad. de José L. Etcheverry. Buenos Aires, Amorrortu, 1986, pp. 163-164.

[21] Véase: Ducrot, Oswald, *Decir y no decir* 1972], Barcelona, Anagrama, 1982. Se usa aquí el término "actante" para designar la "función" (entendida como un tipo especial de relación) que analista y analizante desempeñan mientras el relato del segundo se despliega. El término es de Algirdas Julien Greimas.

[22] *Ibid.*, p. 7.

transubjetiva. Pero es interesante el punto de vista de que la noción clásica de comunicación como fin esencial de la lengua pasa a ser secundaria, puesto que el analizante comunica un saber que trasciende a lo que en principio quiso transmitir. Dice Lacan que *"lalengua* sirve para otras cosas muy diferentes de la comunicación. Nos lo ha mostrado la experiencia del inconsciente, en cuanto está hecho de *lalengua*, esta *lalengua* que escribo en una sola palabra, como saben, para designar lo que es asunto de cada quien".[23]

También desde el psicoanálisis se cuestiona que el fin último de un diálogo sea el reconocimiento recíproco de los individuos. Del *in-dividuo* (psicológico, filosófico; conciencialista, en suma), al *ya-dividuo* (psicoanalítico, sujetado a lo inconsciente), pasando por el malentendido intrínseco a cualquier intercambio de palabra, queda descartado el reconocimiento intersubjetivo. *Verdichtung* es la palabra con la que se designa "la ley del malentendido".[24]

En efecto: "si la comunicación se aproxima a lo que efectivamente se ejerce en el goce de *lalengua* es porque implica la réplica, dicho de otra manera, el diálogo. Pero, ¿*lalengua* sirve primero para el diálogo? Como lo articulé en

---

[23] Lacan, J., *El Seminario. Libro 20. Aún (1972-1973)*, p. 166. Así como el habla es la manera específica en que un sujeto se apropia de su lengua, Lacan designa con el término *lalengua* el particularísimo modo en que un sujeto de lo inconsciente hace suyo ese habla.

[24] Lacan, J., *El Seminario. Libro 3. Las psicosis (1955-1956)*, p. 122. El neologismo *ya-dividuo* fue pronunciado en el seminario de Néstor Braunstein, "¿Técnica del psicoanálisis?", impartido de septiembre de 1996 a agosto de 1998 en el Centro de Investigaciones y Estudios Psicoanalíticos (CIEP).

otros tiempos, nada es menos seguro".[25] Como ejemplo de lo anterior, piénsese en algún acto del lenguaje (interrogar, por ejemplo) para hacer evidente que en el dispositivo analítico hay una serie de hechos tácitos entre dos sujetos cuya relación no necesariamente implica el mutuo reconocimiento. Del silencio del analista no se infiere que éste avale lo que escucha (eso implicaría ya una cierta dimensión de reconocimiento), tampoco enjuicia lo que se le dice ni pontifica sobre lo dicho. Y aunque en términos sociales muchas veces es necesario "expresar determinadas cosas, y a la vez hacer como si no se hubieran dicho; decirlas, pero de tal manera que se pueda negar la responsabilidad de su enunciación",[26] el analista no desconoce que esa coartada (la de negar su responsabilidad al intervenir) le está vedada. Y sin importar que "la enunciación en su totalidad es un proceso vacío que funciona a la perfección sin que sea necesario rellenarlo con las personas de sus interlocutores",[27] de su condición de *sujeto de la enunciación* (esa posición desde la cual se dice lo que se dice) el analista es absolutamente responsable.

Ducrot habla de un decir que pueda negar la responsabilidad de su enunciación. El analista, sin evadir su responsabilidad por lo que dice o calla, "disimula" su enunciación (al intervenir, por ejemplo, de un modo críptico, oracular) para que el despliegue del guión fantasmático sea responsabilidad del analizante ("no soy yo el que ha dicho lo que ambos hemos oído; hágase

---

[25] Lacan, J., *El Seminario. Libro 20. Aún (1972-1973)*, p. 166.

[26] Ducrot, O., *op. cit.*, p. 10.

[27] Barthes, Roland, *El susurro del lenguaje. Más allá de la palabra y de la escritura* [1984], Barcelona, Paidós, 1987, p. 68.

cargo de su palabra", dice sin decirlo el analista); es así que no podría dejar de hacerse responsable de los efectos que esa enunciación (explícita o tácita) tiene, entre otras cosas, porque el deseo del analista causa en gran parte lo dicho por el analizando. Las consecuencias del callar del analista lo hacen tan responsable como de aquello que enuncia explícitamente, porque los efectos de un silencio "son tan decisivos como los de una palabra realmente pronunciada".[28] Si calla (haciendo de la neutralidad un cálculo) o decide hablar, siempre será en función de la cura que dirige.

Ahora bien, siendo importante que el analista no transija con las demandas que le son dirigidas (el silencio es una vía para ello), también hay que señalar las ocasiones en que, según la expresión de Gérard Pommier, se debe "soltar lastre":[29] para no responder a la demanda de proporcionar aquello que equivaldría a la completud, el analista suelta lastre cuando interviene sólo para "preservar el narcisismo del analizante, en un momento en que no está listo aún para abandonar una identificación alienante. [...] el analista no puede mantener el silencio más allá de cierto punto sin que el narcisismo del analizante resulte más o menos gravemente amenazado".[30] De no transigir en algún sentido con la demanda a él dirigida, el analista corre el riesgo de provocar la frustración que llevaría a la ruptura con el analizante: "ciertas demandas necesitan una

[28] Nasio, Juan David, "Presentación", en: Nasio, J. D., (ed.), *El silencio en psicoanálisis* [1987], Buenos Aires, Amorrortu, 1999, p. 11.

[29] Pommier, Gérard, *El amor al revés* [1995], Buenos Aires, Amorrortu, 1997, pp. 351-362.

[30] *Ibid.*, p. 353.

respuesta y negarse a ellas invalidaría cualquier posibilidad de análisis. Aunque prefiriese no tener que hacerlo y avanzar sin titubeos, el analista debe 'soltar lastre'".[31]

Lacan opina de muy distinta manera en lo relativo a transigir con la demanda del analizante para no frustrarlo: "el analista es aquel que apoya la demanda, no como suele decirse para frustrar al sujeto, sino para que reaparezcan los significantes en que su frustración está retenida".[32] Esto es: se condesciende a la demanda no para frustrar al sujeto con una no respuesta, sino para que, en ese fondo de vacío que el silencio aporta, vuelva a escenificarse aquella frustración que precede a la que ahí se actualiza.

Que haya frustración en quien no recibe acuse alguno, vaya y pase. La dificultad técnica estriba en precisar qué tipo de respuesta sería la que evita la ruptura e insta a la reaparición de los significantes en que la frustración del sujeto se coagula. Puede aventurarse que las respuestas que en estricto nada responden son aquellas que sustentarán la demanda. Ya se sabe: "demandar: el sujeto no ha hecho otra cosa, no ha podido vivir sino por eso, y nosotros tomamos el relevo".[33] Está claro que el punto medular es que el analista evalúe a qué responde y a qué no, en qué momento y cómo. La decisión de "soltar lastre" depende de su capacidad de callar, de su escucha. La dosificación del silencio es una manera de hacer contrapunto al discurso del analizante para que lo pesado de un silencio

---

[31] *Ibid.*, p. 351.

[32] Lacan, J., "La dirección de la cura y los principios de su poder" (1958), en: *Escritos* [1966], vol. 2, México, Siglo XXI, 1999, p. 598.

[33] *Ibid.*, p. 597.

contumaz (obstinado, sin fundamento técnico alguno, y por tanto errado), no lo desfonde. Aprender a "respirar con el oído"[34] es a veces el más conveniente entre los modos de tomar la estafeta de la demanda.

En algún sentido, el silencio del analista emula al silencio musical por cuanto debe ser *interpretado* por el analizando, pues el habla es el son del silencio.[35] Recuérdese que, en música, al silencio se le llama pausa, espera o reposo. Al callar, el analista impone un borde a todas las intervenciones posibles pero también espera que lo interpelado por su silencio acontezca.

La teoría musical dice que hay tantos silencios como figuras de nota. El silencio musical tiene, entonces, un valor negativo, no absoluto sino relativo, y su duración corresponde al de la figura positiva que representa. En psicoanálisis, es la palabra del analizante la que pulsa al son que el silencio del analista marca; el silencio del analista tiene un valor positivo porque su naturaleza no resulta de la palabra que sobre su fondo se desarrolla; por el contrario y parafraseando a Heidegger, es del silencio del analista –como instancia de significación–, que la palabra del analizando brota.

Así, en ciertos momentos del análisis, un silencio sistemático del analista podría erigirse en el principal obstáculo para que la cura continuara. Dicho en otros términos, un silencio obcecado (que impide otra clase de intervención del analista, no silente)

---

[34] Eco, Umberto, *Apostillas a El Nombre de la Rosa* [1983], Barcelona, Lumen, 1984, p. 29.

[35] Heidegger, Martin, *De camino al habla* [1959], Barcelona, Odós, 1987, p. 28.

podría detener el vencimiento de las resistencias y convertirse en el bastión desde donde el analista mismo resistiría (puesto que no hay otra resistencia que la suya). El paciente quedaría fijado por una interpretación no acontecida o por un proceder técnico-analítico que no buscaría su separación.

Por otra parte, si el analista calla por simple inercia, mantiene indefinidamente su estatuto de supuesto saber; su silencio se torna manipulación, embaucamiento que, si fuera bienintencionado, sería peor todavía, pues "el error de buena fe es entre todos el más imperdonable".[36] Es claro que el analista debe favorecer desde el principio de un análisis la separación y nunca debe alentar la esperanza del analizante de haber encontrado un regazo. Si el analista no se abstiene de confirmar la alienación (necesaria, por otro lado, en un primer momento del análisis), sólo evidenciará que su propio análisis no fue resuelto.

Otra manera de eternizar la transferencia es que el analista renuncie a ese momento en que su neutralidad debe vacilar como efecto de un procedimiento táctico calculado, escaso o único, que mueva al analizante a cuestionar el carácter inescrutable de un analista idealizado. Es claro que si la vacilación del analista no fuera calculada estaría operando la llamada contratransferencia. Es al amago de la separación a la que se apunta en un verdadero análisis. Por eso es manifestación y no vacilación del deseo del analista: recordemos que su deseo es *causa eficiente* en el análisis (como trabajo constante que anima la cura); pero la *causa final* es la cura misma, para que

---

[36] Lacan, J., "La ciencia y la verdad" (1965), en: *op. cit.*, p. 837.

el analizante se haga cargo de su deseo y de las consecuencias de éste.

La alienación –si se mantiene más allá del inicio de un análisis– desencauza el trabajo analítico, lo arruina. Produce gurúes, analistas mesiánicos: *a-nihilistas*, cuyo mantra es la máxima horaciana *Nihil Mirari* ("No conmoverse con nada"),[37] fórmula sagrada a la que los aspirantes (víctimas de la nihilación por cuanto reducidos a la nada) responden: *Nihil Desesperandum* ("No hay razón para desesperar").[38] Jamás podría decirse ante estos procederes *Nihil Obstat* ("Nada obsta").

Nasio considera que el silencio es vehículo, estrategia de seducción para establecer la transferencia.[39] A quienes suponen que el silencio del analista insta a que el paciente encuentre por sí mismo respuestas a sus propias preguntas favoreciendo un pensamiento autónomo, Nasio responde: "Esto es absolutamente falso. El silencio del analista provoca la mayor dependencia, una intensa ligazón".[40]

De modo que en el silencio también se corren riesgos que se creen exclusivos de la palabra. En efecto: en no pocas

---

[37] *Epistulae* (I-6,1). Véase: Horacio, *Sátiras. Epístolas. Arte poética* [s.I a.C.], Barcelona, Gredos, 2008; Alonso, Martín, *Enciclopedia del idioma* [1947], Madrid, Aguilar, 1982, p. 726.

[38] Horacio, *Odae seu Carmina* (I, 7-27). Horacio, *op. cit..* Herrero Llorente, V. J., *op. cit.*, p. 287.

[39] Véase: Nasio, J. D., *Cómo trabaja un psicoanalista* [1996], Barcelona, Paidós, 1997, p. 62.

[40] *Ibid.*, p. 91. Lo que evoca aquellos casos en que el análisis se vuelve un síntoma y el analizante paga por no tener análisis: se renta así un analista al que se le paga por un silencio cómplice, lo cual tiene su carga gangsteril.

ocasiones, el silencio del analista es yerro técnico, motivo de una interrupción prematura del análisis, desliz sin fundamento, omisión, pifia, desatino, simple extravío... o riesgo para el analizando: en el caso del trabajo con psicóticos, los analistas "desechan esas penosas pausas que les cuestan tanto o más que a sus pacientes. Porque tal silencio no es en absoluto analítico. [...] lejos de ello, se sabe que constituye una verdadera amenaza para la integridad psíquica de ciertos pacientes".[41]

¿Qué fundamenta, pregunta Lacan, nuestra actitud como analistas? El proponernos en la situación analítica como desprovistos de características individuales: "nos borramos, salimos del campo donde podría percibirse este interés, esta simpatía, esta reacción que busca el que habla en el rostro del interlocutor, evitamos toda manifestación de nuestros gustos personales, ocultamos lo que puede delatarlos, nos despersonalizamos, y tendemos a esa meta que es representar para el otro un ideal de impasibilidad".[42]

Esta sentencia encontrará su versión más radical en el siguiente pasaje: el analista interviene "en la dialéctica del análisis haciéndose el muerto, cadaverizando su posición [...] ya sea por su silencio allí donde es el Otro (*Autre*), ya sea anulando su propia resistencia allí donde es el otro (*autre*). En los dos casos, y bajo las incidencias respectivas de lo simbólico y de lo imaginario, presentifica la muerte".[43]

---

41   Gutiérrez, José, *Silencio y verdad* [1987], Bogotá, Instituto Caro y Cuervo, 1987, p. 17.

42   Lacan, J., "La agresividad en psicoanálisis" (1948), en: *Escritos* [1966], vol. 1, p. 99.

43   Lacan, J., "La cosa freudiana" (1956), en: *op. cit.*, pp. 412-413.

Sugiere Nasio que "'hacer el muerto' significa que el analista haga silencio en él, en el interior de él, para suscitar al gran Otro del analizante. [...] Hacer el muerto no es callarse [...] es 'hacer silencio en sí'".[44] Y Lacan insiste en la necesidad de suspender lo imaginario y lo simbólico al prescribir: "Rostro cerrado y labios cosidos".[45] Pero si el analista se presenta, no en una posición cadaverizada, no haciéndose el muerto, sino como padre muerto, estaría encarnando "el Padre deseado por el neurótico [...] el Padre muerto. Pero igualmente un Padre que fuese perfectamente dueño de su deseo. [...] Se ve aquí uno de los escollos que debe evitar el analista, y el principio de la transferencia en lo que tiene de interminable".[46] Recuérdese que "el ideal del análisis no es el completo dominio de sí, la ausencia de pasión. Es hacer al sujeto capaz de sostener un diálogo analítico, de no hablar ni demasiado pronto, ni demasiado tarde".[47]

Por otra parte, "cuando el sujeto se adentra en el análisis, acepta una posición [de] interlocución, y no vemos inconveniente en que esta observación deje al oyente confundido.[48] Pues nos

---

[44] Nasio, J. D., *op. cit.*, p. 71.

[45] Lacan, J., "La dirección de la cura y los principios de su poder" (1958), en: *Escritos* [1966], vol. 2, p. 569.

[46] Lacan, J., "Subversión del sujeto y dialéctica del deseo en el inconsciente freudiano" (1960), en: *op. cit.*, p. 804.

[47] Lacan, J., *El Seminario. Libro 1. Los escritos técnicos de Freud (1953-1954)*, Buenos Aires, Paidós, 1992, p. 14.

[48] Aclara Tomás Segovia, traductor al castellano de *Escritos* de Lacan, que éste hace aquí un juego de palabras entre *interloqué* ("confundido", "aturdido") e *interlocution*. Lacan, J., "Función y campo de la palabra y del lenguaje en psicoanálisis" (1953), en: *Escritos* [1966], vol. 1, pp. 247-248.

dará ocasión de subrayar que la alocución del sujeto supone un 'alocutario', dicho de otra manera, que el locutor se constituye aquí como intersubjetividad".[49] Se aludió ya a la impertinencia de hablar de intercomprensión o de intersubjetividad para referirse a la relación que guardan analista y analizante en donde el reconocimiento que implicarían estas dos nociones está descartado; pero Lacan –léase con cuidado– no dice aquí que entre el locutor y el alocutario medie la intersubjetividad, sino que el locutor ingresa a su análisis bajo el engaño (necesario) de una consigna interlocutiva, y es esta estafa (que "supone", y sólo eso, un alocutario), la que instituye *en* el locutor la intersubjetividad.[50]

Esta supuesta interlocución pareciera implicar una respuesta de aquel que es interpelado. Pues bien: si el analista –que hace aquí las veces de alocutario– opta por una respuesta silente, el timo (la suposición defraudada del intercambio palabrero que toda interlocución promete), queda al descubierto; enfrentado al vacío que subsigue a su palabra, el locutor acude al llamado de su verdad.

Señálese de pasada que esta expresión implica una jerarquía entre los agentes de la interlocución: una "alocución" es, en estricto, el discurso de un superior a sus inferiores. Empero, difícilmente podría aplicarse el término a la situación analítica donde se juega una relación en la que no media una jerarquía, sino una disimetría.

---

[49] *Idem*. La alocución supone un alocutario que –incluso si habla "para las paredes"– evoca siempre al Otro.

[50] Por supuesto, este comentario refiere a una estafa distinta a la que es propia del canalla o del cínico.

Lacan señala en otro escrito el papel de interlocutor que el analista simula (en cuanto que no asume de manera cabal la interacción que demanda la palabra que le es dirigida): el psicoanalista parte de que "el lenguaje, antes de significar algo, significa para alguien. Por el mero hecho de estar presente y escuchar, ese hombre que habla se dirige a él, y, puesto que le impone a su discurso el no querer decir nada, queda en pie lo que ese hombre *quiere decirle*. En efecto, lo que dice puede 'no tener sentido alguno'; lo que *le* dice, encubre uno".[51] En este punto, Lacan deja entrever que el discurso del sujeto se rige en este proceder por una estrategia retórica según la intención que lo motive.[52]

"El oyente entra, pues, en ella, en situación de *interlocutor*. [...] Silencioso, sin embargo, y sustrayendo hasta las reacciones de su rostro [...] ¿No hay un umbral en el que esta actitud debe de hacer que el monólogo se detenga?". No obstante, lo habitual en una sesión analítica es que los analizantes continúen su discurso, pareciera a veces que en solitario. Pero no siempre es obvio a quién se dirigen: "¿al oyente, presente de veras, o más bien, ahora, a algún otro, imaginario pero más real: al fantasma del recuerdo, al testigo de la soledad, a la estatua del deber, al mensajero del destino?"[53]

Si el locutor puede constituirse en la intersubjetividad a partir de su propia actividad enunciativa, es también porque el analista está presente: "En un psicoanálisis, en efecto, el sujeto, hablando con propiedad, se constituye por un discurso

---

[51]   Lacan, J., "Más allá del principio de realidad" (1936), en: *op. cit.*, pp. 76-77.

[52]   *Idem.*

[53]   *Idem.*

donde la mera presencia del psicoanalista aporta, antes de toda intervención, la dimensión del diálogo".[54] Aún más, dice Max Picard que "cuando dos personas conversan entre sí, siempre está allí presente un tercero: el silencio que escucha".[55]

En un artículo de 1926, afirmaba Theodor Reik que "el analista no oye solamente lo que está en las palabras. Oye también lo que las palabras no dicen. Oye con el 'tercer oído'".[56] Lo que le valió la ironía de Lacan: como si dos no bastaran para no oír.[57] Se infiere de ambas citas que el decir del analizante revela un querer decir; esto es, un deseo. Empleando los términos que Kristeva propone en *Semiótica*, podríamos apuntar que a lo dicho (fenotexto) subyace siempre lo no-dicho (genotexto), el deseo en este caso.[58] Así, la función del analista es acuciar esa concurrencia entre palabra y aspiración, entre dicción y deseo. Para ello se requiere a veces del silencio como *(in)acción* o, más precisamente, como acción *in-operante* en tanto maniobra al interior de esa confluencia.

Desde esta perspectiva podría entenderse el quehacer de los analistas como "un no actuar positivo con vistas a la ortodramatización de la subjetividad del paciente".[59] Ahora bien, el sentido que para el analizante permanece encubierto

---

[54]   Lacan, J., "Intervención sobre la transferencia" (1951), en: *op. cit.*, p. 205.

[55]   Picard, Max, *El mundo del silencio* [1948], Caracas, Monte Ávila, 1973, p. 19.

[56]   Reik, Theodor, "En el principio es el silencio", en: Nasio, J. D. (ed.), *El silencio en psicoanálisis* [1987], p. 26.

[57]   Véase: Lacan, J., "Situación del psicoanálisis y formación del analista en 1956" (1956), en: *op. cit.*, p. 453.

[58]   Kristeva, Julia, *Semiótica 1* [1969], Madrid, Espiral, 1981.

[59]   Lacan, J., "Intervención sobre la transferencia" (1951), en: *op.cit.*, p. 214.

en su dicho "no debe serle revelado, debe ser asumido por él. Por eso el psicoanálisis es una técnica que respeta a la persona humana [...] que no sólo la respeta, sino que no puede funcionar sino respetándola".[60] El analista, por tanto, no debe digerir para el analizante lo que exige ser roído hasta la encía.

Hay otra razón importante para que el analista se calle: el "hecho de que toda afirmación explicitada se convierte, por lo mismo, en un tema de discusiones posibles. Todo lo que se dice puede ser refutado [...] la formulación de una idea constituye la primera etapa, y decisiva, de su sometimiento a discusión".[61] Considérese que, en el dispositivo analítico –si el analista es su agente–, lo implícito sortea tal riesgo por ser aquello que permitiría la manifestación de una idea (que necesita ser expresada) sin el riesgo de someterla a una discusión intersubjetiva. Pero el fenómeno de lo implícito es diverso; varias son sus formas y varios los "procedimientos de implicación", según explica Ducrot.

Si de lo implícito en el enunciado se trata, recuérdese que el primer implícito inherente a todo proceso de comunicación es el código lingüístico mismo. Para decir de manera implícita algo que no se quiere o no se puede decir abiertamente, se presentan ciertos indicios que fungen como causa o consecuencia de determinados hechos que –por este mecanismo lógico– quedan así implícitos: por ejemplo, se habla de lo que hay en tal lugar

---

[60]   Lacan, J., *El Seminario. Libro 1. Los escritos técnicos de Freud (1953-1954)*, pp. 53-54. Ahí mismo agrega Lacan: "Sería entonces paradójico colocar en primer plano la idea de que la técnica analítica tiene como objetivo forzar la resistencia del sujeto. Esto no quiere decir que el problema no se plantee en absoluto [...] soy preciso al calificar este estilo analítico como inquisitorial".

[61]   Ducrot, O., *op. cit.*, p. 11.

para dar a entender que uno ha estado ahí. Hay aquí una suerte de silogismo: "si vino es porque algo quiere", se dice para dar a entender que a tal persona la mueve el interés. Pero lo implícito también puede "poner en juego relaciones que tienen que ver más con las convenciones oratorias que con la lógica. Sería el caso de una fórmula como 'no me pidas mi opinión, porque te la daré', empleada para dar a entender que se tiene una opinión contraria a la que el interlocutor espera. [...] 'Mi respuesta te disgustará'".[62]

Piénsese ahora en los silencios del analizante basados en este tipo de implícitos. En los casos propuestos, lo implícito depende de la morfología del enunciado, donde queda sin ser dicha la parte que sería necesaria para que el enunciado fuera completo; pero esta incompletud no lo hace incoherente. Muy al contrario, el analista –si está callado podrá advertirlo– verá en lo ausente una particular significación: la de lo implícito, que aparece elidido en la cadena explícita. Tornar explícito lo que el analizante enuncia implícitamente sería una forma de no hacer lugar a lo sigilado. Pero una intervención tal tendría que cuidarse, a la vez, de no ser motivo de discusión: así, señalar una laguna discursiva de manera sucinta hace que la palabra del analista –en esa circunstancia, acotada– sea indiscutible en la medida en que la laguna misma, por implícita, es indiscutible.

Mientras menos concisa es la intervención del analista, más discutible será porque señala algo que no fue explicitado. La resistencia del analizante podría desplegarse sobre ese equívoco ("yo no quise decir lo que usted entendió", por ejemplo). Quizá por eso es que el analista opta por intervenir de manera parca

---

[62] *Ibid.*, p. 12.

"repitiendo" lo dicho por el analizante ("no soy yo quien te ha hecho decir eso"),[63] para que la omisión –indiscutible– quede al descubierto. Se entrecomilla aquí la repetición porque basta con proferir las mismas palabras con un ligero matiz en el énfasis para que la divergencia inherente a toda reiteración se espese de manera significativa. Toda repetición supone el discurrir del tiempo y, por tanto, implica una alteración.

El silencio parecería evitar los riesgos de alterar el dicho del analizante (aunque fuera sólo por citarlo), al ser un elemento que en sí mismo no tiene énfasis ni matiz alguno. Sin embargo, el silencio ve alterado su cuenco por la hondura que la palabra ulterior le confiere; pero lo dicho también es borde, relieve que delinea el callar subsiguiente.

En esta óptica, en el analista, el silencio debiera ser un *escrúpulo reiterado* apenas infringido por la cita (transcripción, traducción, plagio, citación, iteratividad, coherencia, isotopía, anáfora, redundancia, fragmentarismo, omisión, hiato, parodia, copia), o por la frase enigmática.

Afirma Lisa Block que "por el procedimiento de la citación, la *vocación* es múltiple: *invoca* (apela), *convoca* (hace presente), *evoca* (recuerda) y *revoca* (suspende o anula), todo al mismo tiempo".[64] Aun en la cita que el analista hace del dicho de su analizante hay alusión, pero no de cualquier tipo: se trata de una alusión transtextual por cuanto repite y crea (o, más

---

[63] Braunstein, N., "Silencio" [2000], en: *Ficcionario de psicoanálisis*, México Siglo XXI, 2001, p. c.

[64] Block de Behar, Lisa, *Una retórica del silencio* [1984], Buenos Aires, Siglo XXI, 1994, p. 90.

preciso) en tanto repitiendo crea, como sucede en cualquier re-presentación teatral.

Por otro lado, pareciera que uno de los atributos del silencio es su invariabilidad, su carácter inalterable. Sin embargo, de la palabra (o, más aún, del grito) es que el silencio toma su relieve, su textura siempre cambiante. Así, las variaciones que el silencio tiene a lo largo de una cura difícilmente podrían registrarse de no ser por los efectos generados en quienes asisten a su acaecimiento y verifican su incidencia. Aconteciendo, tal silencio no se *altera* sino por sus derivaciones, resignificándose en contramarcha como soporte de *alteridad*. [65]

"En el análisis se trata de hablar para *crear* el silencio, porque si el grito funda el silencio, del mismo modo es solamente la palabra la que le da la existencia".[66] Hay entonces una palabra que causa el silencio y un silencio que causa (encauza) la palabra. *Concausa* mutua, diríamos desde el Derecho, para referir la doble condición, preexistente o sobrevenida, aquí expuesta.

En lo que se refiere a los sobrentendidos del discurso, explica Ducrot que el acto de hablar no es ni libre –puesto que se respetan ciertas convenciones–, ni gratuito –porque cada

---

[65] Para el empleo de esta voz filosófica tan compleja, nos basamos en la concepción de "alteridad" que tenía Platón, para quien no había oposición –sino en apariencia– entre "lo mismo y lo otro", ya que *"lo otro no equivale a la negación del ser, sino que se refiere a algo otro del mismo"*. Véase la voz "Alteridad", en: Cortés Morató, Jordi, y Martínez-Riu, Antonio, *Diccionario de Filosofía* [1996], Barcelona, Herder, 1996. (Versión electrónica).

[66] Zolty, Lilian, "El psicoanalista a la escucha del silencio", en: Nasio, J. D. (ed.), *op. cit.*, p. 194.

acto de habla está debidamente *causado*, por así decir–. Las convenciones que enmarcan al discurso son de orden jurídico, y sus causas de naturaleza subjetiva. Lo implícito se despliega en estos dos bastiones (jurídico y subjetivo) cuando quien habla o escucha, imperceptiblemente desliza una intención velada que busca dar por hecho lo que en estricto sigue siendo sólo probable. Si se descubre la artimaña, quien intentó instrumentarla puede justificarse aduciendo un simple malentendido, para así disimular la intención que, desde siempre, motivó lo dicho. El sujeto de la enunciación (que devela *el lugar desde donde algo se dice*) se escuda así tras el sujeto de lo enunciado (restringido a *lo dicho*), reconociendo una falla en el marco normativo pero evadiendo la responsabilidad subjetiva. Dicho de otro modo, el sujeto del derecho se declara parcialmente culpable para que al sujeto de lo inconsciente no pueda imputársele nada.

Así, algunos actos de habla –apoyados en el sobrentendido– tienden a "hacer aceptar su propia posibilidad [dando a entender] que se han respetado las condiciones que ellos mismos legitiman o hacen explicables. Aquí lo implícito no debe ser buscado en el plano del enunciado, como una prolongación o un complemento del nivel explícito, sino a un nivel más profundo, como una condición de existencia del acto de enunciación".[67]

En el caso del psicoanálisis, la regla fundamental que el analista le impone al paciente establece el marco legal del dispositivo (de hecho, es una de las pocas demandas del analista, entre las que figura asimismo el pago de las sesiones). Lo dicho por el analizante, en cuanto obedece a esta regla, está

---

[67] Ducrot, O., *op. cit.*, p. 13.

legitimado. Deslegitimado en términos analíticos estará todo aquello que no diga por pudor (lo suprimido: *Unterdrückt*) o por un micro-proceso de sojuzgamiento (juicio de condena: *Verurteilt*). No imputable será lo callado por represión (*Verdrängung*) donde el dispositivo se enfila a positivizar la placa inconsciente; y queda por reflexionar lo implicado en el caso de la forclusión (*Verwerfung*).

La imposición de la regla fundamental presupone otro implícito no siempre advertido: que el psicoanalista está (o se siente) autorizado para tal imperativo. "El acto de ordenar [...] exige cierta relación jerárquica entre el que manda y el que es mandado. De donde la posibilidad de dar órdenes con la intención principal de dejar sentado, de modo implícito, que se está en situación de poder darlas, así como la posibilidad de que las órdenes dadas sean interpretadas como manifestaciones de esta intención".[68]

Se dijo ya que más que de jerarquía, de lo que se trata en la situación analítica es de disimetría. Pero tal condición es la que otorga al analista atributos específicos. Puede matizarse entonces la afirmación de que el analista sólo le hace dos demandas al analizante (regla fundamental y pago oportuno) pues diversas e indiscutibles son sus prerrogativas: el analista decide cuándo y a qué hora serán las sesiones (lo único consensual es lo que permite que los encuentros sigan siendo posibles); impone el lugar del encuentro, determina el fin de la sesión, suspende temporalmente el tratamiento por diversos motivos pero le exige al analizante que pague las sesiones a las que éste falta, resuelve callar o hablar, modifica el costo o

---

[68] *Ibid.*, p. 14.

el horario de las sesiones ya pactadas, aumenta el número de encuentros, etcétera. Se entiende, claro está, que en todas estas determinaciones lo que rige es la ética y la adecuada dirección de la cura.[69]

¿Se le paga al analista por su saber, por su tiempo, por ignorar activamente lo que sabe para posibilitar la manifestación de lo inconsciente? ¿Se le paga por sus palabras no enunciadas (es decir, por su elocuente silencio)? Suponiendo sin conceder que algo de lo anterior sea cierto, una cosa es segura: el analizante paga por una palabra que él produce y tiene que hacer valer sosteniendo lo dicho. Decir lo que se piensa y hacer lo que se dice es un modo aproximativo de avanzar en el sentido del propio deseo. El silencio del analista hace operar la ignorancia que comanda su escucha pero también moviliza lo que el paciente creía ignorar (lo inconsciente es un saber que, por no saber que se tiene, se cree que se ignora, dice Lacan). Pero el silencio del analista es también el retraimiento necesario para que la palabra de quien le habla, acontezca. Así, escucha y silencio preñan la palabra del analizante.

Tomando ahora el mismo ejemplo de la interrogación, pero esta vez del lado del analista, se observa que —según las leyes discursivas convenidas en cualquier grupo—, el acto de preguntar es privativo de ciertos sujetos pues no está permitido preguntar cualquier cosa a cualquier persona. Se dijo ya que a aquel que es interrogado se le impone el deber de responder, así como el derecho de interrogar presupone el poder de instar a

---

[69] ¿Se debería hablar, no de imposiciones o demandas del analista (regla y pago), no de prerrogativas o privilegios, sino de *condiciones* para que un análisis tenga lugar?

una respuesta. Es en estos casos que "la ley del discurso puede dar luz a una significación sobreañadida, y es frecuente que el acto de interrogar tenga, entre sus funciones, la de reforzar, de modo implícito, el derecho a interrogar. Se hacen preguntas para que no se olvide –sin que esto sea objeto cada vez de una declaración explícita– que uno está autorizado a realizarlas".[70]

Si el analista descuida que las prerrogativas de las que depende el dispositivo analítico mismo ya son demasiadas, y hace del interrogar una práctica que obture la palabra del analizante e inhiba el cumplimiento cabal de la regla llamada fundamental, pondrá en riesgo la neutralidad que lo hace *no-otro*. Y bien puede ser que su mejor forma de inquirir sea callar, para incitar el decir; por eso es que se trata menos de un *dejar de decir* que de un *dejar decir*.

Partiendo de que hablar presupone y reclama la atención de otro, puede parecer obvio que a éste se le hablará de aquello que pueda ser de su interés. Sin embargo, en el dispositivo analítico, el analizante habla de todo lo que pasa por su cabeza, sin que deba importarle si esto o aquello es cautivante o notable.[71] Y es que cuando el analizante supone que lo que enuncia no es del interés del analista, está cuestionando la legitimidad de su propio discurso y –por ende– evidenciando que está más preocupado por decir que por *ser dicho*. Pero tal juicio sobre el interés que puede despertar su palabra puede enmascarar un fantasma que posiciona al analista en el lugar

---

[70]   *Idem.*

[71]   "Háganse caso interesante", decía burlonamente un aprendiz de brujo que pasaba por psicoanalista, para mofarse del sufrimiento de los analizantes cuyas demandas no obtenían respuesta.

de una autoridad que está contrariando –en su callar– lo que ahí se está diciendo. Acaso sea la desmentida el indicio de este proceso en el que las palabras imputables al analista (en el fantasma del analizante) podrían ser: "Si crees que esto me interesa...".[72]

Nótese que el vicio de privilegiar la *causa antecedente* (por encima de la llamada *causa consecuente*) nos hace pensar que algo sucede de determinada manera porque no podría haber sucedido de otra, cuando en realidad algo pudo haber sucedido de varias maneras posibles. Jacques-Alain Miller hace la diferencia entre la lectura del vector progrediente (que va del pasado al futuro, donde en apariencia las cosas suceden de manera indefectible) y la lectura del vector regrediente o lógico (que va del presente al pasado, donde cada punto del camino representa un momento *indecidible*). [73]

Otra manifestación de lo implícito en psicoanálisis tiene lugar cuando el paciente supone que sus asociaciones incumben al analista, según la fórmula: "es conveniente que Y esté al corriente de X". Si en su decir impera el pudor, el analizante puede valerse de la alusión para enunciar su dicho; si el recato no puede sortearse, es el mecanismo de la supresión el que se hace presente.

La alusión se despliega también en la vertiente del chisme, estrategia discursiva frecuente en el medio analítico de la que nunca se hablará lo suficiente si se considera que las consecuencias de su práctica no siempre son benignas. Gran

---

[72] *Idem.*

[73] Véase: Miller, Jacques-Alain, *La erótica del tiempo y otros textos* [2000], Buenos Aires, Tres Haches, 2001, pp. 19-21.

parte del que padece el psicoanálisis se relaciona de manera directa con la irresponsabilidad que impera en este terreno. Que "la terapia psicoanalítica (*sic*) es la gran retórica del chismorreo",[74] es la opinión de no pocos.

Se habló ya de la conveniencia de poder decir algo reduciendo los riesgos de poner en juego el juicio intersubjetivo sobre lo dicho. Se obtendrían así los beneficios del habla sucinta y del sigilo. En lo que el analizante dice, como enunciación

---

[74] Steiner, George, *Lenguaje y silencio* [1976], México, Gedisa, 1990, p. 85. En efecto, no es extraño que los analistas sean sujetos del rumor infundado, más que objetos. La filosofía que alguna vez imperó en lo religioso (para ejemplificar un espectro de saber que sí ha legislado la práctica del silencio), sentenciaba que para reformar una casa "no es menester más de reformarla en el silencio. Haya silencio en casa, y yo os la doy por reformada. [...] La razón de esto es porque cuando hay silencio en casa, cada uno atiende a su negocio [...] pero cuando no hay silencio, entonces son las quejas, los corrillos, las murmuraciones [...] el perder el tiempo y hacerlo perder a los otros [...] refórmese uno en el silencio, y yo le doy por reformado". (Rodríguez, Alonso, *Ejercicio de perfección y virtudes cristianas* [1606], Madrid, Testimonio, 1965, p. 723). En sus manuales de procedimiento, esos católicos del siglo XVII definían bien la degradación ética que va del comentario al rumor y de éste al chisme: "Comenzaréis por palabras buenas, y de ahí vendréis a una palabra ociosa, y de ahí saltaréis luego a otra jocosa; y poco a poco se va calentando la lengua, y creciendo el deseo de encarecer las cosas y hacer que parezcan algo; y cuando no pensáredes, habréis resbalado en otras mentirosas, y por ventura maliciosas, y aun perniciosas; comenzaréis por poco, y acabaréis por mucho" (*Ibid.*, p. 725). ¿Por qué evocar la deontología religiosa si justamente –a pesar de Foucault– son difícilmente homologables los procedimientos psicoanalítico y confesional? Porque una de las pocas coincidencias entre ambos campos es la cura (laica o no) como efecto de la palabra enunciada en dispositivos regulados por la confidencialidad. Véase: Herrera, Alfonso, "Foucault, la confesión y el psicoanálisis", en: *Erinias*, núm. 1, Puebla (México), 2004, pp. 45-64.

literal, el analista advierte a veces una significación implícita subyacente. (Hacerla manifiesta es su labor, según se ha dicho.) Este mecanismo hermenéutico es posibilitado a veces por el implícito que los enunciados proferidos permiten colegir ("me han dicho X; pero X implica Y; por lo tanto ha dicho Y"). En otros casos, "lo implícito es lo que ha hecho que el habla fuera posible: 'Me ha dicho X; pero no se dice X si no es para decir Y; por lo tanto quiso decir Y'".[75] Es este el caso de los sobrentendidos. El punto fino aquí, entre significación literal e implícita, es discernir "si lo implícito responde a una intención del locutor o a una interpretación del destinatario".[76]

Es por eso que el analista sólo debe sentirse autorizado para trabajar sobre lo dicho por el paciente o sobre lo que las trazas del discurso de éste permitan inferir. De otro modo, corre el riesgo de creer que ha comprendido lo que ha escuchado. Recuérdese: "El momento en que han comprendido, en que se han precipitado a tapar el caso con una comprensión, siempre es el momento en que han dejado pasar la interpretación que convenía hacer o no hacer. En general, esto lo expresa con toda ingenuidad la fórmula: El sujeto quiso decir tal cosa. ¿Qué saben ustedes? Lo cierto es que no lo dijo".[77]

De ahí que lo no dicho requiera de una cautela especial cuando de interpretar se trata. "Es cierto que respetando las propias palabras del analizante no se corren excesivos riesgos, pero en análisis los riesgos se hallan siempre presentes, hasta

---

[75] Ducrot, O., *op. cit.*, p. 16.

[76] *Ibid.*, p. 17.

[77] Lacan, J., *El Seminario. Libro 3. Las psicosis (1955-1956)*, p. 37.

el punto de que ni siquiera el silencio queda exento de ellos".[78] No menos cierto es que "sólo aquel que no interpreta nada puede estar absolutamente seguro de no hacer interpretaciones incompletas";[79] y, yendo al extremo: el mejor modo que un analista tendría para "evitar cualquier riesgo de ese género acabaría consistiendo en no ser analista".[80] Apúntese también que un proceder hermenéutico implica ya una crítica a lo interpretado, pues hermenéutica y crítica van de la mano.[81]

En algunos casos "el procedimiento discursivo que revela la significación implícita parece no haber sido prevista por el locutor. [...] No se puede atribuir al locutor la intención consciente de expresar esta significación [...] el descubrimiento de lo implícito se considerará como revelador de una determinada profundidad del mensaje, desconocida para el locutor".[82]

Es claro que en psicoanálisis hay que indagar cuál es la significación implícita que una acción fallida o un exabrupto vela y evidencia a la vez, porque la enunciación involuntaria de un contenido cualquiera denuncia una verdad subterránea. *Compacidad* es el término que Lacan utilizó y que aquí mentamos para enfatizar la fractura que un lapsus entraña: "Nada más compacto que una falla".[83]

---

[78]   Mannoni, Octave, "El juramento de Harpócrates" [1993], en: *Tres al cuarto*, núm. 2, Barcelona, 1993, p. 12.

[79]   *Ibid.*, p. 11.

[80]   *Idem.*

[81]   Heidegger, M., *op. cit.*, p. 89.

[82]   Ducrot, O., *op. cit.*, p. 17.

[83]   Lacan, J., *El Seminario. Libro 20. Aún (1972-1973)*, p. 16.

"Informar" es, según una corriente lingüística, el fin del habla. Comunicar consistiría "en hacer saber, en hacer que el interlocutor adquiera unos conocimientos de los que no disponía antes. [...] Esta concepción de la comunicación surge al compararse la lengua con un código, es decir, con un conjunto de señales perceptibles que permiten instruir a otra persona sobre ciertos hechos que no puede percibir directamente".[84] Tal postura es aplicable al dispositivo analítico en la perspectiva del silencio: es el analista quien propicia la emergencia de la verdad –la del inconsciente– invocada desde el silencio; ¿qué es la escansión que da por concluido un encuentro analítico si no el silencio del analista que se expande hasta la siguiente sesión para así precipitar lo que Lacan llama "los momentos concluyentes"[85], enfrentando al analizante a una suspensión significante para que se dirija a un más allá de lo imaginario (que no es sino lo más íntimo de sí mismo)?[86] De la misma manera que el silencio del analista *en* sesión sería una suerte de corte al interior de la misma, que se dilataría en la suspensión que va de un encuentro a otro.

Así, cuando el analista capta que está en juego un momento significativo que pide el *après coup* catalizado por el corte de la sesión, apuesta a eso sin saber lo que de ahí se derivará. El silencio del analista perdura entre un encuentro y otro como

---

[84] Ducrot, O., *op. cit.*, p. 8.

[85] Lacan, J., "Función y campo de la palabra y el lenguaje en psicoanálisis" (1953), en: *Escritos* [1966], vol. 1, p. 242.

[86] Véase: Lacan, J., *El Seminario. Libro 9. La identificación (1961-1962).* Versión mimeografiada. Clase del 6 de diciembre de 1961.

una apuesta, como un acto cuya eficacia podrá ser aquilatada por sus efectos.

Es digno de advertir que llega un momento en que el analizante parece pedir el corte de la sesión, como Emmy von R. solicitaba en determinado momento a Freud ser despertada de la hipnosis.[87] Ciertos sujetos tienden a estandarizar los tiempos de duración de sus sesiones: "como esta duración es función de la transferencia y no de los significantes enunciados, casi siempre es estable para el mismo paciente. Para ser más claros, señalemos que, al cabo de cierto tiempo, ha de producirse una cierta precipitación significante y que esta duración es relativamente constante".[88] Una perspectiva técnica general sugeriría que, si el analizante pide que la sesión concluya, el corte debe ser denegado –en la medida de lo posible, pues no hay reglas generales en psicoanálisis por atenderse el caso por caso– para que emerja lo hasta entonces reprimido. Contra la idea de que a veces un silencio prolongado del analizante "llama al orden" al analista, quien supuestamente dejó pasar el momento del corte,[89] deben esperarse las palabras que siguen a esa pausa y –quizá entonces– escandir, pues sucede a veces que ese tipo de silencios anuncia lo más significativo de la sesión.

En ocasiones, el silencio del analizante denuncia una reticencia (atizada por la presencia del analista) a soltar

---

[87] Freud, S., "Estudios sobre la histeria" (1893-1895), en: *op. cit.*, t. II, p. 83.

[88] Pommier, G., *op. cit.*, p. 354. Probablemente esta constancia temporal sea efecto de una influencia ejercida por el analista en la duración de las entrevistas preliminares al análisis.

[89] *Ibid.*, p. 355.

las amarras significantes. "El momento en que el sujeto se interrumpe es, comúnmente, el momento más significativo de su aproximación a la verdad. Captamos aquí la resistencia en estado puro, la que culmina en el sentimiento, frecuentemente teñido de angustia, de la presencia del analista".[90]

Es de suma importancia enfatizar, sin embargo, que la escucha y la palabra que ahí se aloja no son sencillamente dos fenómenos que convergen en un tiempo y espacio específicos: la escucha determina de múltiples maneras la enunciación que, para ella y por ella, se profiere. El psicoanalista, "desde su condición receptiva específica define –sin proponérselo ni explícita ni intencionalmente– la concepción del enunciado que varía tanto en función de las circunstancias como de su presencia".[91] Para decirlo de la manera más clara posible: el "discurso, al desplegarse en la cura, adquiere ciertas características [...] según nuestra manera de concebir la cura, nuestra manera de dirigirla, nuestra manera de escuchar a los sujetos que vienen a consultarnos. [En suma:] las diferentes neurosis se ponen en perspectiva a partir del dispositivo de la cura".[92]

Otra razón que justifica el callar del analista es que cada vez que habla sobre algo dicho por el analizante, parece que eso precisamente –y no todo lo demás– le importa. Es el problema inherente a toda interpretación: que privilegia de

---

[90] Lacan, J., *El Seminario. Libro 1. Los escritos técnicos de Freud (1953-1954)*, p. 87.

[91] Block de Behar, L., *op. cit.*, p. 214.

[92] Chemama, Roland, *Depresión. La gran neurosis contemporánea* [2006], Buenos Aires, Nueva Visión, 2007, p. 23.

un modo implícito una parte de lo dicho por encima del todo, y eso, necesariamente, obtura, limita. Y es que el analista no puede sustraerse a su condición de receptor, aquí marcada por una atención flotante, "de igual nivel": *gleichschwebende* es el término freudiano evocado por Lacan.[93] Del discurso que para él se enuncia, el analista toma conocimiento de lo que escucha. Pero "conocer quiere decir reconocer y desconocer a la vez. Es de la relación dialéctica entre ambas acciones que resulta el conocimiento. Para conocer, para pensar, es necesario separar, cortar, abstraer; parte se toma, parte se omite".[94]

"En el texto, sólo habla el lector", dice Barthes.[95] Como lector del texto que a su oído se ofrece, el analista se convierte en *e-lector*, en *se-lector*;[96] y –en última instancia– en autor porque su recepción *acusa* (como denuncia de una culpa, como apercibimiento y como delito imputable, a un tiempo) una apropiación sostenida e incesante. Porque no puede no elegir, al seleccionar privilegia, recorta, omite, edita, altera la unidad del discurso que a él se dirige, que por otro lado es proferido bajo los efectos de lo sobrentendido, censurado, suprimido, disimulado, elidido, sojuzgado, reprimido, etcétera. Aunque vasta, la enumeración no agota la referencia a lo que el analista escucha de eso que el analizante no enuncia en su decir. Este último, como hablante, se somete a los dos procedimientos señalados por Roman Jakobson: selecciona y combina;

---

[93] Lacan, J., "Situación del psicoanálisis y formación del psicoanalista en 1956" (1956), en: *Escritos* [1966], vol. 1, p. 453.

[94] Block de Behar, L., *op. cit.*, pp. 63-64.

[95] Barthes, R., *S/Z* [1970], Madrid, Siglo xxi, 1980, p. 127.

[96] Block de Behar, L., *op. cit.*, p. 63.

su *(s)elección* del universo lingüístico ya implica un decir específico; su combinación, también. Este vicio (esta tara ética, podría decirse) inherente a la escucha misma ya implica mermas en lo que a la neutralidad se refiere.

Para razonar lo que sucede del lado del analizante, recuérdese lo que en el *Tractatus Logico-Philosophicus* se razona: "Los límites de mi lenguaje significan los límites de mi mundo".[97] Y es que a veces se olvida que "el emisor es siempre al mismo tiempo un receptor, que uno oye el sonido de sus propias palabras".[98] En cualquier caso se trata de lecturas parciales: el analizante *lee* en voz alta fragmentos de *su* texto; cada sujeto, en cada análisis *se* lee: no es el autor de un texto, *es* el texto mismo, apalabrándose. Tendríamos aquí "una suerte de *tmesis*, esa disyunción lingüística en virtud de la cual no leemos todo el texto ni con la misma intensidad ni con el mismo interés".[99]

Para ambos, analista y analizante (por no ser sino sujetos de lo inconsciente) aplica por igual que "cuanto más difícil es detectar el origen de la enunciación, más plural es el texto [y] cuanto más plural es el texto, menos está escrito antes de que [se] lo lea",[100] pues se trata menos de un texto preexistente que de la escritura de un inédito, desconocido incluso para quien lo

---

[97] Wittgenstein, Ludwig, *Tractatus Logico-Philosophicus* [1914-16], Barcelona, Altaya, 1994, p. 143. (5.6)

[98] Lacan, J., *El Seminario. Libro 3. Las psicosis (1955-1956)*, p. 40.

[99] Block de Behar, L., *op. cit.*, p. 69. El sentido de la voz *tmesis* aquí empleado es muy distinto al que consigna en el diccionario de Beristáin, que la define simplemente como una "variedad del hipérbaton". Véase: Beristáin, Helena, *Diccionario de retórica y poética* [1985], México, Porrúa, 1985, p. 250.

[100] Barthes, R., *op. cit.*, pp. 33 y 36.

va deletreando y deconstruyendo a un tiempo, ofrecido a una escucha que lo segmenta. Sustraerse a la tentación que implica elegir, seleccionar, antologar, exige del analista un proceder técnico y ético.

En esta perspectiva, no sólo es posible sino necesario concebir "el deseo del texto, del texto como Otro".[101] Fue en 1970 que Barthes propuso la noción de *texto-lectura*, noción imprescindible para definir ese suplemento que todo lector aporta a lo que está leyendo. En el caso del analista, la condición técnica es que todo eso que se le ocurre mientras está a la escucha no lo haga operar en la cura que dirige para evitar el escollo de lo intersubjetivo, pues "toda lectura deriva de formas transindividuales: las asociaciones engendradas por la literalidad del texto –por cierto, ¿dónde está esa literalidad?– nunca son, por más que uno se empeñe, anárquicas".[102] Si lo dicho por el analizante es tomado en su dimensión textual, como efecto del deseo del Otro, la expresión "texto-lectura" define la institución analítica toda: la transubjetividad no se verá entorpecida por la lectura a la que el texto insta. No se alude aquí al analizante y su analista, sino al texto y su lectura.

---

[101] Braunstein, Néstor, "Originalidad" [2000], en: *op. cit.*, p. 124. La fidelidad que todo traductor le debe al escrito fuente consiste en "reencontrarse no ya con la intención del autor, sino con la *intención del texto*, con lo que el texto dice o sugiere con relación a la lengua en que se expresa y al contexto cultural en que ha nacido". Eco, U., *Decir casi lo mismo. Experiencias de traducción* [2003], México, Lumen, 2008, p. 22.

[102] Barthes, R., *El susurro del lenguaje. Más allá de la palabra y la escritura* [1984], p. 37.

Es por eso que a la pregunta "¿Quién habla?", Mallarmé responde: *el lenguaje.*[103]

"Abrir el texto, exponer el sistema de su lectura [...] es conducir al reconocimiento de que no hay verdad objetiva o subjetiva de la lectura, sino tan sólo una verdad lúdica; y además, en este caso, el juego no debe considerarse como distracción sino como trabajo".[104] De esto puede desprenderse una deontología de la lectura que defina la especificidad de sus métodos de análisis. Barthes propone instituir una *anagnosis*; aún más, una *Anagnosología*, pues lo que uno lee (podemos decir en la vertiente clínica, lo que uno analiza) "se fundamenta tan sólo en la intención de leer: simplemente es algo para leer, un *legendum*, que proviene de una fenomenología, y no de una semiología".[105]

Es por eso que el analista está obligado a no yugular el discurso del analizante aportando sentido alguno. El texto que en el gabinete analítico acontece tiene el inconculcable "derecho al sentido múltiple [para] liberar así la lectura".[106] Y es que en psicoanálisis se trata de "preservar la multiplicidad simultánea de los sentidos, de los puntos de vista, de las estructuras, como un amplio espacio que se extendiera fuera de las leyes que proscriben la contradicción (el 'Texto' sería la propia postulación de este espacio)".[107]

---

[103] "Toda la poética de Mallarmé consiste en suprimir al autor en beneficio de la escritura". *Ibid.*, p. 67.

[104] "Escribir la lectura" [1966], en: *Ibid.*, p. 37.

[105] "Sobre la lectura" [1975], en: *Ibid.*, p. 41.

[106] *Idem.*

[107] *Ibid*, p. 48.

Barthes trabajó con minuciosidad las características inherentes a un texto (radicalmente distinto a lo que se conoce como Obra). El texto opera en el campo del significante, su lógica no es comprehensiva, está estructurado como el lenguaje más descentrado, es efecto de "la *pluralidad estereográfica* de los significantes que lo tejen" (lo que no quiere "decir que tiene varios sentidos sino que realiza la pluralidad misma del sentido"; tampoco es "coexistencia de sentidos, sino paso, travesía [de] una diseminación"), en sí mismo "es entretexto de otro texto" y "bien podría tomar como divisa la frase del hombre endemoniado (Marcos, 5:9): 'Mi nombre es legión, pues somos muchos'", lo que definiría su textura específica.[108]

Desde el punto de vista retórico, ¿qué lugar sería el pertinente para el analista en su función de lector? El *paragrama*, si seguimos a Barthes, por su carácter de diseminación fónica-textual (si así pudiera decirse). Como se sabe, en 1964 Jean Starobinski dio a conocer cuadernos inéditos de Ferdinand de Saussure, donde el anagrama (con la anafonía y el hipograma) ocupaba un lugar central.[109] La posición anagramática sería solidaria de una *práctica semiótico-transformativa* no limitada, no explicativa ni tradicionalmente lógica, donde los signos se deslindan de sus *denotata*. Kristeva atribuye a los psicoanalistas este modo de intervención (lúdico, hay que

---

108 Véase: "De la obra al texto", en: *Ibid.*, pp. 76-78.
109 Véase: "Los anagramas de Ferdinand de Saussure", en: de Saussure, Ferdinand, *Fuentes manuscritas y estudios críticos*, México, Siglo XXI, 1985, pp. 229-247.

agregar).[110] Decía Lacan que cuanto más cerca estemos del psicoanálisis divertido, más próximos estaremos del verdadero psicoanálisis.[111] La frase admite ser tropicalizada cuando se afirma que "psicoanalizar no es sino alburear con técnica".[112]

---

[110] Véase: Kristeva, J., *op. cit.*, pp. 255-256.

[111] "[...] plus nous sommes proches de la psychanalyse amusante, plus c'est la véritable psychanalyse". Lacan, J., *Le Séminaire. Livre 1. Les écrits techniques de Freud (1953-1954),* París, Seuil, 1975, p. 91. (Lacan, J., *El Seminario. Libro 1, Los escritos técnicos de Freud (1953-1954),* p. 125).

[112] Notas personales del seminario de Néstor Braunstein, "¿Técnica del psicoanálisis?", impartido de septiembre de 1996 a agosto de 1998 en el Centro de Investigaciones y Estudios Psicoanalíticos (CIEP).

Capítulo 3

La tradición del laconismo

Conviene ser políglota para saber callar en siete idiomas.

José María Pemán[1]

Entre los antiguos espartanos, la "comunicación oral directa, vigorosa, eficaz, sentenciosa, oracular y a menudo inapelable, sin margen para la réplica, estaba muy arraigada y hasta podría decirse que era natural".[2] A esos griegos ancestrales se los llamaba laconios, gentilicio del que deriva *laconismo*.

La influencia de la brevilocuencia espartana en las escuelas cínica y estoica es evidente. Mas su influjo en el pensamiento pitagórico merece mención aparte: se sabe que los discípulos de Pitágoras (a quien llamaban "el maestro de la contención"), estaban obligados a un noviciado silente de cinco años, "para que con el largo silencio olvidasen lo que mal sabían, y oyéndole a él, aprendiesen lo que habían después de hablar, y de esa manera saliesen maestros".[3]

---

[1] Pemán, José María, "Una experiencia", en: *ABC*, 1967. Véase: http://gaveta. prensacadiz.org/visor1024.asp?id=5475&src=2&p=1&pSize=1

[2] Fornis, César, "Laconismo frente a Retórica. Aforismo y brevilocuencia en el lenguaje espartano", en: *Lógos y Arkhé. Discurso político y autoridad en la Grecia antigua*, Buenos Aires, Miño y Dávila editores, 2012, p. 50.

[3] Rodríguez, Alonso, *Ejercicio de perfección y virtudes cristianas* [1606],

Dice Clemente de Alejandría en *Stromata*, V, 11, 67, 3: *Hoc sibi vult etiam Pythagorae quinque annorum silentium, quod praecipuit discipulis, ut scilicet, aversi a rebus sensibilibus, nuda mente Deum contemplarentur* ("esto quiso también Pitágoras para sus discípulos cuando les prescribió cinco años de silencio a fin de que dando la espalda a las cosas sensibles con mente desnuda –pura– contemplaran a Dios").[4] Recuérdese que el mismo Pitágoras quiso cifrar en una sola letra (*Y*) toda su filosofía del silencio; su docta letra desencadenó el paradójico símbolo del *sustine et abstine*.[5]

En sus *Noches Áticas* (I, IX) Aulo Gelio recogió "el método empleado por los pitagóricos de guardar silencio durante los primeros años, según sus capacidades. Silencio abierto, sin embargo, a la palabra de los maestros que convertía a sus discípulos en auditores y luego en hombres de palabra cauta para poder acceder sucesivamente al estudio de la ciencia y de la filosofía".[6]

Madrid, Testimonio, 1965, p. 719.

[4] Véase: Panikkar, Raimon *El silencio del Buddha* [1996], Madrid, Siruela, 1996, p. 353, n. 32.

[5] Véase: Egido, Aurora, *La rosa del silencio* [1996], Madrid, Alianza, 1996, pp. 56 y 109 n. 24. Entiéndase *sustine* como "guardarse de responder" y *abstine* como "abstenerse, contenerse". (Blanco, Vicente, *Diccionario Latino-Español y Español-Latino* [1968] Madrid, Aguilar, 1968, pp. 17 y 485). En psicoanálisis, la neutralidad del analista se expresa en su *abstención*. Laplanche y Pontalis, en cambio, hablan de "la *abstinencia* como principio y regla del analista". (Laplanche, Jean y Pontalis, Jean-Bertrand, *Diccionario de psicoanálisis* [1968], Barcelona, Labor, 1981, p. 3). Quizá el término "abstinencia" se aplique de manera adecuada en referencia al analizante.

[6] Egido, A., *op. cit.*, p. 56.

Las ventajas que el silencio entraña fueron también señaladas por Valerio Máximo quien afirmaba que si bien la palabra puede procurar bienes, el silencio siempre ofrece mayores garantías. De él es la frase: "Me he arrepentido a veces de haber hablado, nunca de haber callado".[7]

Dice Plutarco en sus *Moralia*, que "de los dioses aprendemos el silencio y de los hombres la palabra", pues es el silencio algo "profundo y reverente".[8] Y recuerda que la escuela pitagórica enseñaba que el acceso pleno a la Divinidad venía dado por el silencio.

Recuérdese el peculiar sobrenombre del más grande de los filósofos escolásticos: *Bos Mutus* ("buey mudo"); "así llamaban a Santo Tomás de Aquino sus discípulos, aludiendo al talante silencioso y meditativo de aquél. Es conocida la afirmación de su maestro San Alberto Magno: 'Sí, pero cuando este buey hable, sus mugidos se oirán en el mundo entero".[9]

Basada en una obra de Marc Fumaroli,[10] dice Aurora Egido que "España se orientó al aticismo epigramático de Lipsio, siguiendo una vertiente senequista que se oponía a la retórica de Cicerón".[11] Fumaroli (y Egido) mencionan a Lucio Aneo

---

[7] *Ibid.*, p. 35.

[8] Véase: Burke, Peter, *Hablar y callar* [1993], Barcelona, Gedisa, 1996, p. 159.

[9] Herrero Llorente, Víctor José, *Diccionario de expresiones y frases latinas* [1995], Madrid, Gredos, 1995, p. 80.

[10] Fumaroli, Marc, *L'âge de l'éloquence. Rhètorique et "res literaria" de la Renaissance au seuil de l'époque classique* [1980], Ginebra, Droz, 1980, pp. 33, 53 y 92.

[11] Egido, A., *op. cit.*, p. 17. Esta breve cita ilustra parte del decurso laconiano que a nuestra filosofía y literatura legara la cultura latina. Conviene pues

Séneca[12] pero es seguro que no olvidan a sus contemporáneos Publio Papinio Estacio y Marco Valerio Marcial, maestro de lo sucinto, autor de catorce libros con unos 1,500 epigramas y cuyo lema era *Hominem pagina nostra sapit* ("nuestro escrito sabe a humanidad").

Justo Lipsio fue el renacentista que recogió una larguísima tradición enraizada en los autores mencionados. Para él, había que cultivar la condensación semántica y expresarla en simple brevedad. La *perspicuitas*[13] debía atravesar lo escrito sin sacrificar elegancia ni espontaneidad, diciendo mucho en poco espacio y siempre sugiriendo más que explicando. Con sus *Cartas* (1576), Lipsio marca el inicio del dominio de lo que llamamos "aticismo lacónico" del que abrevaría Baltasar Gracián.[14]

La otra gran influencia de Gracián fue Erasmo de Rotterdam, quien decía que la lengua era lo más empecible del hombre por contener todos los males aunque también todos los remedios según el uso que de ella se haga. Su obra remite "a una poética de la contención de la palabra y del silencio que, sin duda, dejó

---

desmenuzarla puesto que dichos efectos alcanzan también a toda práctica psicoanalítica que se despliegue en lengua romance.

[12] Es importante no confundirlo con su padre, Marco Aneo Séneca, maestro de la elocuencia que mereció el sobrenombre "El retórico", antípoda de la concisión tan apreciada por el hijo quien en sus *Epístolas a Lucilio* [s. I], (105, 6), "había hablado de los provechos del callar ante los demás para así hablar mejor con uno mismo". *Ibid.*, p. 25.

[13] "*Perspicuitas, atis (perspicuus)*, f.: transparencia, claridad, nitidez.// evidencia". Véase: Blanco, Vicente, *op. cit.*, p. 364.

[14] Véase: Cantarino, Elena, "Justo Lipsio en la Biblioteca de Lastanosa". Centro Virtual Cervantes: http://cvc.cervantes.es/literatura/aiso/pdf/06/aiso_6_1_038.pdf

un rostro amplísimo en nuestras letras, sobre todo porque de ellas no sólo se deducen asuntos referidos a la retórica, sino a la ética del estilo".[15]

En su *Dialogus ciceronianus* (1527), Erasmo atacó el que llamaba "estilo tuliano" (tan fustigado por Lipsio), y en su obra *De copia* meditó sobre la conveniencia de extender o abreviar un discurso según los propósitos del orador: *docere, movere, delectare* –esto es: "instruir", "influir, promover, impresionar" o "deleitar, divertir, gustar", respectivamente–. Para Erasmo, lo humano se definía menos por la razón que por la palabra, según argumenta en su *Enquiridión*, coincidiendo en esto con la crítica que Isócrates hizo a Platón.[16]

Al tratar de la *breviloquentia* que busca la concisión y el hablar lo indispensable sin el desbordamiento ciceroniano, Erasmo defendía la claridad. Abogó por la eliminación de lo superfluo pero se dio cuenta de que el uso de la concisión o de la abundancia estilística dependía del sujeto, de las circunstancias y la intención, abriendo así camino a un decoro que facilitaba la variación de estilos.[17]

"Todo hombre debe ser presto para escuchar y tardo para hablar", dice Erasmo citando la Epístola a Santiago, que en otra parte reza: "La lengua es un miembro pequeño y se ufana

---

[15] Egido, A., *op. cit.*, p. 22.

[16] Véase: *Ibid.*, p. 23, n.18. En *Gorgias* [s. IV a.C.], Platón atacó a su vez a Isócrates; fue apoyado por el joven Aristóteles que, a raíz de tal defensa de su maestro, inició sus estudios sobre retórica que vertería en un libro sobre el tema. Véase la voz "Isócrates" en: Cortés Morató, Jordi y Martínez-Riu, Antonio, *Diccionario de Filosofía* [1996], Barcelona, Herder, 1996. (Versión electrónica).

[17] Egido, A., *op. cit.*, p. 28, n. 31.

de cosas grandes. Mirad qué fuego tan pequeño qué selva tan grande incendia. Y la lengua fuego es todo mundo de iniquidad. [...] La lengua ninguno de los hombres es capaz de domarla: mal turbulento, rebosante de veneno mortífero".[18]

De ahí la necesidad de una "lengua sujetada" tan opuesta a la "lengua desbocada" de los poetas barrocos, adictos al exceso. A la lengua hay que regirla, domarla con la razón, que es su rienda. Y es por estar asentada entre el cerebro y el corazón que con ambos órganos debe negociar para evitar la proliferación de los que Erasmo llama "lenguavientres".[19]

Esta imagen fue llevada al extremo por Gracián, quien al hablar del secreto, compara la boca con un vientre que, en ayes, anda a punto del parto.[20] Ahí, "Gracián crea todo un simbolismo de la lengua y de la boca que termina por consolidarse cuando desarrolla la alegoría de la *Verdad de parto* con la barriga en la boca (III, 101), haciendo del hablar un alumbramiento imparable porque '¿quién podría detener la palabra concebida?' (III, 105)".[21]

---

[18] *Sagrada Biblia*. Trad. de Bover, José María & Cantera Burgos, Francisco, Madrid, BAC, 1961, p. 1965.

[19] En un sentido fisiológico, también se les llama "silencios" a cada uno de los dos intervalos que separan los ruidos cardíacos, a saber: el *primero* o *pequeño* –que es corto y separa el primero del segundo ruido–, y *segundo* o *mayor* –que es largo y separa el segundo ruido del primero–.

[20] Véase: "Verdad del parto" (Crisi III), en: Gracián, Baltasar, *El discreto* [1646], *El criticón* [1651/1653/1657], *El Héroe* [1637], México, Porrúa, 1986, p. 274 y ss. Se hace referencia a este pasaje de Gracián en: Lacan, Jacques, *El Seminario. Libro 17. El reverso del psicoanálisis (1969-1970)*, Buenos Aires, Paidós, 1992, p. 199.

[21] Egido, A., *op. cit.*, p. 51.

De ahí que nunca sean pocas las prevenciones y las cautelas que deben considerarse antes de hablar cosa alguna: "bueno es el tesoro de la lengua templada y grande es la gracia de la lengua bien medida [porque] la lengua desatada tiene por padre el ocio y por madre la locura"; sólo el callar es "una escuela permanente de discreción", dice Gracián.[22]

Gracián distingue el *hablar* del *parlar*, identificando elocuencia con sabiduría y parlería con locura (coincidiendo en esto con lo escrito por Luis Vives en *Introducción a la sabiduría*), de modo que la cordura encuentra remanso en el silencio ponderado. En efecto: "El cuerdo huye de ser contradicho tanto como de contradecir: rápido en la censura, es lento en publicarla".[23] Luciano, con sus sátiras menipeas, es el predecesor de ambos en la relación ética y estética que guardan palabra y silencio.

Con Gracián se trata, pues, de cultivar el "laconismo, el refrán, el emblema y todas las secuelas del conceptismo que procuran no engolfarse con el *ornatus*".[24] Lo encomiable de sus obras debe mucho al arte de enunciar mediante la contención, el silencio, la suspensión representada por la pausa en un discurso.

Melancólico parece el silencio más al sabio nunca le pesó de aver callado, dice Gracián en *El Criticón* (I, 331-2),[25] *porque lo que se calla puédese hablar después; pero lo que*

---

[22] *Ibid.*, pp. 32-33.

[23] Gracián, Baltasar, *Oráculo manual y arte de prudencia* [1647], México, Planeta, 1996, p. 26.

[24] Egido, A., *op. cit.*, p. 49.

[25] *Ibid.*, p. 61.

se habla no puede dejar de estar hablado. [...] La palabra que salió de la boca es como la piedra que salió de la mano, que ya no podéis hacer que no vaya y haga daño.[26]

Lo mismo que a Gracián, a Erasmo "le preocupaban los aspectos físicos de la lengua, desde su habilidad y pequeñez hasta su natural coexistencia con el gusto".[27] En *Noches Áticas*, Aulo Gelio también habló de la lengua en su sentido físico: "la lengua no debe ser libre ni vaga. [De ahí que] la valla de los dientes ha sido interpuesta para refrenar la petulancia de las palabras, de modo que la temeridad en el hablar no sólo es cohibida por la custodia y vigilia del corazón, sino también es cercada por unos centinelas, por así decir, puestos en la boca".[28] Y comentando una cita de M. Tulio Cicerón, Aulo Gelio recomienda no elogiar a quienes "derraman palabras sin cuidado alguno de juicio, con despreocupación grande y profunda", así como vituperar "la abundancia de decir necia e inane".[29]

El manual de deberes que rige para los jesuitas habla también de aquellas circunstancias que son necesarias para el bien hablar: en primer lugar saber de qué se va a hablar, habida cuenta de que, previendo excesos, la Naturaleza "guardó y escondió la lengua, no solamente con una puerta y cerradura,

---

[26] Rodríguez, A., *op. cit.*, p. 735. Esto recuerda que cuando Freud ingresó, en 1883, al Hospital General de Viena, pidió a Martha Bernays que le bordara tres banderines; uno de ellos con la recomendación de San Agustín: "Si tienes duda, abstente". Freud, Sigmund, *Cartas de amor* [1882-1886], México, Ediciones Coyoacán, 1995, p. 8.

[27] Egido, A., *op. cit.*, p. 23.

[28] Gelio, Aulo, *Noches Áticas* [s. II d. C.], México, UNAM, 2000, p. 78.

[29] *Ibid.*, pp. 78 y 79.

sino con dos, primero con los dientes y después con los labios: muro y antemuro puso a la lengua, no habiendo puesto a los oídos guarda ni cerradura alguna; para que por ahí entendamos la dificultad y recato que habemos de tener en el hablar, y la prontitud y facilidad en el oír",[30] conforme a la recomendación del apóstol Santiago (I,19): "Sea todo hombre presto y fácil para oír; tardo para hablar".[31]

Según estas concepciones, la lengua sería –por naturaleza– más propensa a la continencia que al rebosamiento, pero no se guarda tan bien lo que no corre peligro de extraviarse. Por otro lado, se habla aquí de un entendimiento (no de una comprensión) que el oído permite, nada despreciable en su aplicación al psicoanálisis.

Una imagen afín a lo anterior describe: de la lengua salen un par de venas, "una que va al corazón y otra al cerebro, donde ponen los filósofos el asiento del entendimiento [...] lo que se ha de hablar ha de salir del corazón y regulado por la razón. Y así éste es el primer aviso que da San Agustín para hablar bien: La palabra, primero ha de ir a la lima que a la lengua; primero se ha de registrar allá dentro y limarse con la regla de la razón".[32]

Recuérdese lo dicho por San Cipriano: "el hombre prudente y discreto ninguna palabra echa de la boca sin que primero la rumie muy bien en su corazón; porque de las palabras no bien pesadas ni pensadas se levantan las contiendas".[33]

---

[30] Rodríguez, A., *op. cit.*, p. 729.

[31] *Sagrada Biblia, op.cit.*, p. 1450.

[32] Rodríguez, A., *op. cit.*, pp. 729-730.

[33] *Idem.* No confundir a este San Cipriano con el gran hechicero homónimo.

Y –estableciendo un símil con el dinero: interesante también para el psicoanálisis por todo lo ligado a la culpa que se pacifica en el acto de pagar–, San Vicente recomendaba que nos debería costar tanto trabajo abrir la bolsa como abrir la boca, insinuando que puede salir tan caro hablar como pagar: "¡Qué despacio y con qué acuerdo abre el otro la bolsa, mirando primero muy bien si lo debe y cuánto debe! Pues de esa manera y con esa dificultad habéis de abrir la boca para hablar, mirando primero si debéis hablar, y lo que debéis hablar; y no habléis más palabras que las que debéis, como el otro no paga más de lo que debe".[34]

Recapitulemos entonces que este culto a la brevedad, próxima al silencio, que de Séneca pasa a Marcial y a Estacio hasta llegar a Erasmo, Lipsio y Baltasar Gracián, está del lado de lo que la retórica clásica llama *aticismo*; es justamente esa virtud aforística la que Lacan pondera en Gracián, llegando incluso a contrastarlo con las sentencias de Nietzsche y las máximas de La Rochefoucauld.[35] En oposición está el *asianismo* heredado de la retórica de Cicerón, quien en su *Orator* enalteció las *varietas* del discurso.

Tenemos entonces una pareja de opuestos: aticismo y asianismo, *brevitas* y *amplificatio*. Y entre ambas, una tercera posibilidad: la de la máxima, instituida como género por La Rochefoucauld. Para Camus, la máxima es una ecuación (por eso, el orden de los elementos puede invertirse siempre en la máxima ideal). Barthes concuerda diciendo que en la máxima

---

[34] *Idem.*

[35] En el entendido de que la reformulación de un aforismo, proverbio o refrán de la antigüedad resulta en una máxima.

se trata de una estructura bipolar donde la equivalencia entre los términos es una comparación o una identidad.[36]

Pero si de preceptos ligados a lo parco se trata, Lacan prefiere sin ambages a Gracián sobre ("¡*los pequeños!*", dice) Nietzsche y La Rochefoucauld. En relación al silencio que motiva este libro, señalemos al pasar que La Rochefoucauld "distinguía el silencio de elocuencia, el silencio de burla y el silencio de respeto",[37] como aquel que dedica uno o dos minutos a la memoria de los muertos. "Mientras que Morvan de Bellegarde enumeraba no menos de ocho variedades: silencio prudente, artero, complaciente, burlón, ingenioso, estúpido, de aprobación y de desdén".[38]

Brevitas, subtilitas, oscuritas, son las figuras que Gracián emplea en sus obras; esto es, precisión misteriosa, concisión sobria.[39] *Res* y *verba* (contenido y realización artística) que culminaron en una poética de lo silente, haciendo del laconismo una de las más importantes categorías del aticismo barroco.

Y es en relación a los beneficios de la prudencia, del callar y de la reticencia que a Gracián puede ligársele al tema de la práctica psicoanalítica. En efecto, que a Lacan se lo llamara "el

---

[36] Véase: Cheymol, Marc, *Máximas francesas* [1987], México, Offset, 1987, pp. 9 y ss.

[37] Burke, P., *op. cit.*, p. 161.

[38] *Idem.*

[39] *Brevitas, atis (brevis)*, brevedad, escasa duración, pequeñez. *Subtilitas, atis (subtilis)*, finura, delicadeza // sutileza, sagacidad. // exactitud. // precisión, sobriedad. *Obscuritas, atis, (obscururs)*: obscuridad // –*naturae*, misterios de la naturaleza. Blanco, V., *op. cit.*, pp. 67, 477 y 329, respectivamente.

Góngora del psicoanálisis",[40] siendo quien refundó la técnica psicoanalítica mediante la práctica del silencio, y que Gracián fuera el maestro del aticismo en un siglo de rebosamiento palabrero, abre posibilidades de relación que aquí se intentan explorar.[41]

A la elocuencia desbordada, Gracián opone la mesura como *virtus dicendi*, privilegiando la preterición, la elipsis y la reticencia sobre el *ornatus* de la exultante y exaltada prosa en la que todo cabe, pues "la lengua desenfrenada no se detiene ni siquiera en esa parte oscura del día que los latinos llamaban 'callamiento'".[42] En ese aticismo epigramático del que habla Fumaroli se inscribe la acusada vocación silenciaria de Gracián; de ahí su gusto por hacer del paréntesis una declaración y, de la pausa, una discreta revelación. Y si para los griegos ser hombre está entramado al *logos*, para Gracián el silencio confirma el ser persona, pues –según reza la máxima latina– *loqui ignorabit qui tacere nescit* ("no sabrá hablar quien no sabe callar").[43]

En toda la obra graciana se ilustran las metamorfosis del significante: éste "se cosifica, se animaliza, se humaniza, siguiendo un proceso vital que alcanza desde su gestación y parto hasta su desaparición y muerte. [Así] reina más en

---

[40]   Lacan, J., "Situación del psicoanálisis y formación del psicoanalista en 1956", en: *Escritos 1* [1966], México, Siglo XXI, 1999, p. 448.

[41]   Es esta una tímida tentativa de *intermimotexto* referido a Lacan. Véase: Zavala, Lauro, "Elementos para un análisis de la intertextualidad" [1996], en: *La Colmena*, núm. 9, 1996, p. 9.

[42]   Egido, A., *op. cit.*, p. 26.

[43]   Herrero Llorente, V. J., *op. cit.*, p. 244.

la Primera parte de *El Criticón* que en la Tercera en justa coherencia con el desarrollo [...] y la contención verbal propia de los viejos. De ahí que al final de la vida quede así naturalmente homologada con el silencio absoluto".[44] *Tacere multis discitur vitae malis* ("los muchos infortunios de la vida enseñan a callar"), dice Séneca;[45] y así como el "otoño va ganando en cautelas" asimismo "la palabra va cediendo todo su terreno al silencio, lo mismo que las palabras a las obras".[46]

Sólo la palabra escrita podría sortear, dice Gracián, el silencio del olvido y de la muerte. Quevedo, en el soneto a la muerte de Paravicino, dice:

El que vivo enseñó, difunto muere,
y el silencio predica en él difunto.[47]

Lo mismo vale para Gracián quien a lo largo de su obra "desarrolló una fenomenología de la pausa y del intervalo".[48]

La paremiología encomia desde siempre las virtudes de la palabra no proferida, lo mismo que advierte de las perfidias del aparentar: *verbum oris, verbum mentis*, decían los antiguos. La verdad es muda, afirmaba Gracián; y trilingüe la mentira. Un ejemplo: de uno "que no tenía palabra mala, adivinó que no tenía obra buena; y al que mucha miel en la boca, mucha

---

[44] Egido, A., *op. cit.*, p. 51.

[45] Herrero Llorente, V. J., *op. cit.*, pp. 448-449.

[46] Egido, A., *op. cit.*, pp. 50 y 52.

[47] *Ibid.*, p. 64, n. 35.

[48] *Idem.*

hiel en la bolsa".[49] Dice Luis Vives: "No sean tus palabras pregoneras de tu saber, ni muestres lo que sabes con hablar, mas tus obras sean tales que ellas de suyo lo declaren".[50]

"Se cuenta del bienaventurado San Francisco, que dijo una vez a su compañero: Vamos a predicar. Y sale, y da una vuelta a la ciudad, y vuelve a casa. Dícele el compañero: Pues, Padre, ¿no predicamos? Ya, dice, habemos predicado. Aquella composición y modestia con que iba por las calles fue muy buen sermón".[51]

En el caso de Gracián y de sus predecesores (Vives, el Brocense, Lipsio, Erasmo, Marcial, Estacio y Séneca, entre otros), no se cumple aquello de que "el aticismo presta sentenciosidad, elipsis, conceptos. Pero el *ornatus* se hace imprescindible y el asianismo surge".[52] Por ejemplo: "En *El Criticón*, el Eco contesta: —¿*El callar?*— con —*Callemos*".[53]

Ahí, Gracián habla del silencio consustancial a la escritura, "acompasado por los silencios del lector y su colaboración activa en el proceso creador".[54] En la Tercera parte, hay espacios en blanco destinados por Gracián al lector: "al que leyere", dice.

"Frente al ruido vano de las palabras, la elocuencia ática significaba contención y medida, elogiando también el estilo

---

[49] *Ibid.*, p. 54.

[50] *Ibid.*, p. 55.

[51] Rodríguez, A., *op. cit.*, p. 705.

[52] Egido, A., *op. cit.*, p. 38.

[53] *Ibid.*, p. 56.

[54] *Idem.*

templado de los lacedemonios que no se dejaban arrastrar por los excesos de la retórica".[55] En efecto, los lacedemonios "desterraron a Ctesiphón por parlero" y "acataban a Hércules porque les daba más ejemplos de buen obrar que de bien hablar".[56] El padre Rodríguez, en su manual para los jesuitas, refiere que "Carilo, varón principal y gran letrado entre los lacedemonios, siendo preguntado por qué causa Licurgo había dado tan pocas leyes a los lacedemonios, respondió: 'Porque los que hablan poco, como ellos, tienen poca necesidad de leyes'".[57]

Para Gracián, escaso y exótico es el callar en el mercado de lo humano; en *El Criticón*, paseando por la Feria del mundo Andrenio, Egenio y Critilo dan con un letrero que dice: "*Aquí se vende lo mejor y lo peor*"; entraron dentro, hallaron que se vendían lenguas: para callar las mejores, para mordérselas, y que se pegaban al paladar. Un poco más adelante estaba un hombre señando que callasen, tan lejos de pregonar su mercancía.

— *Pues de este modo, ¿cómo sabremos lo que vende?*
— *Sin duda*— dijo Egenio —*que vende el callar*" —.[58]

Interesante es también que el mercader del callar pregona su mercancía señando, como quiere Heidegger, el silencio.

---

[55] *Ibid.*, p. 25.

[56] *Idem.*

[57] Rodríguez, A., *op. cit.*, p. 724.

[58] Gracián, B., *El discreto* [1646], *El criticón* [1651/1653/1657], *El Héroe* [1637], *op. cit.*, p. 143.

Sigue el diálogo con una reflexión crítica acerca de ese callar que se oferta:

"—*Mercadería es bien rara y bien importante*— dijo Critilio. —*Yo creí que se había acabado en el mundo, ésta la deben traer de Venecia, especialmente el secreto que acá no se coge*—.
— *¿Y quién le gasta?*
— *Eso estáse dicho*— respondió Andrenio. —*Los anacoretas, los monjes (con e digo) porque ellos saben lo que vale y aprovecha*— ".[59]

Este silencio, considerado como virtud, se atribuye a quienes de él se sirven para fines éticos. Pero hay otro silencio ligado a la mendacidad que Gracián distingue y denuncia haciéndole decir a Critilo:

"—*Que los que más lo usan* [al silencio] *no son los buenos, sino los malos. Los deshonestos callan, las adúlteras disimulan, los asesinos punto en boca, los ladrones entran con zapato de fieltro y así todos los malhechores.*

Eginio le replica:

"—*Que ya está el mundo tan rematado que los que habrían de callar son los que más hablan y los que hacen gala de sus ruindades.* [...]
— *Pues, señores, ¿quién compra?*

---

[59] *Idem.*

— El que apaña piedras, el que hace y no dice... y Harpócrates a quien nadie reprende."[60]

Critilo puntualiza entonces la enorme diferencia entre precio y valor cuando *amor con amor se paga*:

"*—Sepamos el precio [...] que quería comprar cantidad, que no sé si la hallaremos en otra parte.*
— El precio del silencio— le respondieron *—es silencio también—.*
— ¿Cómo puede ser? Si lo que se vende es callar, ¿la paga cómo ha de ser callar?
— Muy bien, que buen callar se paga con otro; éste calla porque aquél calle, y todos dicen: callar y callemos".[61]

De ahí que en *El Criticón* se hable de "lenguas agujereadas, con flujo de palabras y cortedad de razones (III, 58) o lenguas de fuego, de aguachirle o de viento si en ellas resuenan mentiras, soplos y lisonjas (I, 224)".[62]

EL DOBLE FILO DE LA LENGUA

Dos armas son la lengua, y el espada,
que si las governamos qual conviene,

---

[60] *Idem.*

[61] *Ibid.*, p. 144. De lo que puede concluirse que algunos tienen paladar (pues saben lo que aprovecha el callar) mientras otros tienen *pa-ladrar.*

[62] . Egido, A., *op. cit.*, p. 51.

anda nuestra persona bien guardada,
y mil provechos su buen uso tiene...

Estas líneas de *Emblemas morales* (1610) de Sebastián de Covarrubias (contemporáneo de Gracián) expresan bien lo que éste encomió del silencio. También Hernando de Soto, en *Emblemas, Moralizadas* (1599) decía que virtud o defecto es el silencio según el uso que de él se haga. Para este autor, el emblema más afortunado del silencio es la cigüeña por ser un animal que nace sin lengua.[63] Otras representaciones simbólicas del mismo tenor son las de los ánsares y las grullas: Bernardo Pérez de Chinchón, en su libro *La lengua de Erasmo nuevamente romançada por muy elegante estilo*, cita a éste quien dice que debe avergonzarnos que algunos animales sepan más que los hombres. Por ejemplo, "*entre las aves, las ánsares son tenidas por muy parleras [...] pero ellas mesmas quando han de passar [...] donde ay muchas águilas, atapan la garganta con el arena y traen una piedra en la boca. Y assí, callando passan de noche, y desque llegan a la mitad del monte echan la piedra; cuando están ya en salvo, echan también la arena de la garganta*".[64]

Erasmo comparaba a la lengua con una espada "que hiere del derecho y al través"[65] (que puede atravesar de parte a parte, como decía Cervantes) a quien no sepa maniobrar con ella o a la víctima de aquél que para zaherir la utilice. Es por eso que Gracián opina que hay que tener recelo de la palabra así como

---

[63] *Ibid.*, p. 65, n. 37.

[64] *Ibid.*, p. 28.

[65] *Ibid.*, p. 31.

de su ausencia. La máxima latina es clara: *Tacitae magis et ocultae inimicitiae timendae sunt quam indictae et opertae* ("las enemistades calladas y ocultas son más temibles que las declaradas y abiertas"), dice Cicerón.[66]

Es así como Gracián demuestra que un discurso de corte anti-ciceroniano es tan elocuente como el que opta por la verborrea. ("El silencio es paradójico y navega entre la elocuencia y su negación", dice Paolo Valesio.)[67] Es el de Gracián un estilo que hace del arte de la ocultación una ética.

Para el psicoanalista que de Gracián extrajera provecho, se trata de ser diestro en el arte de la prudencia según tres ejes (hechizos, por demás): el silencio, la ausencia y el semblante. El silencio supone la elocuencia del callar, el decir a medias para bien decir; la ausencia implica el disimulo de la presencia, la difuminación del estar; el semblante, por último, no es más que hacer las veces de *letosa*. Este término acuñado por Lacan designa el conjunto de objetos hechos para instar al deseo.[68] Parecer "letosa" (*para-ser* objeto de deseo) no es sino hacer semblante de *a*.

En suma, se trata de averiguar "cómo volverse letosa sin hacerse consumir [...] cómo penetrar en cada cual y apoderarse de la verdad permaneciendo al mismo tiempo impenetrable [...] cómo decir, por último, lo que *debe* ser dicho, en nombre de la verdad, pero que sin embargo no *puede* ser revelado como tal".[69]

---

[66] Herrero Llorente, V. J., *op. cit.*, p. 450.

[67] Egido, A., *op. cit.*, p. 49, n. 2.

[68] Véase: Lacan, J., *El Seminario. Libro 17. El reverso del psicoanálisis (1969-1970)*, pp. 161-176 y 195-208.

[69] André, Serge, "Ser un santo", en: Cossé Brissac, Marie-Pierre de, *et al,*

Ser *no-todo* en el silencio (esto es, en el callar que subsigue a la palabra), en la ausencia (cadaverizándose) y en el semblante (*pare-siendo* muestra), esa es la función del analista.

Tres ejemplos de lo anterior son los siguientes: "Dejo entender más de lo que he dicho. La aproximación a lo real es estrecha. Y es por merodearlo, que el psicoanálisis se perfila".[70] Doce años antes, Lacan había sido más conciso: "he logrado [...] decir bastante sin decir demasiado",[71] lo cual no obvia el riesgo señalado por Horacio en su escrito *De arte poética* (25-26): *Brevis esse laboro, obscurus fio* ("Me esfuerzo por ser breve y me hago oscuro").[72]

En suma, Lacan insta –como Gracián– al hablar parco: *Pauca e multis* ("pocas cosas de muchas"),[73] porque entre el silencio y el callar media la prudencia que haría del análisis una "ética del bien decir". "Todo templado y en su momento, bien adobado de *dicta* y sin los extremos del motejar";[74] ¿no es esta una divisa pertinente para el quehacer analítico?[75]

¿Conoce usted a Lacan? [1992], Barcelona, Paidós, 1995, p. 158.

[70] Lacan, J., "Radiofonía" [1970], en: *Psicoanálisis. Radiofonía &Televisión*, Barcelona, Anagrama, 1980, p. 53.

[71] Lacan, Jacques, "La dirección de la cura y los principios de su poder" (1958), en: *Escritos* [1966], vol. 2, México, Siglo XXI, 1999, p. 578.

[72] Herrero Llorente, V. J., *op. cit.*, p. 80. "Me esfuerzo en ser conciso y oscuro me vuelvo", dice otra traducción; Horacio, *Sátiras. Epístolas. Arte poética*. Barcelona, Gredos, 2008, p. 385.

[73] *Ibid.*, p. 339.

[74] Egido, A., *op. cit.*, p. 28.

[75] Para abundar en las posibles correspondencias entre el psicoanálisis (como "ética del bien decir") y la retórica, recuérdese que Quintiliano la definía como "la ciencia de bien decir". Véase: Quintiliano, Marco Fabio,

Jacques-Alain Miller opuso en uno de sus seminarios la amplificación significante, propia de los analizandos, a la operación de reducción en la que se especializan los analistas. La elocuencia de los primeros (expresada con la fórmula retórica denominada *copia dicendi*, explica Miller), encuentra una invitación al aticismo en los segundos. Cuando la palabra se pone al servicio de la memoria, del acontecimiento, de la razón o del misterio se vertebra la amplificación significante. Por el contrario, la *reductio* del analista (vectorizada por la repetición, la convergencia y la evitación) *jibariza* el discurso que le es dirigido para arribar al tuétano del análisis mismo.[76]

Instituciones Oratorias [s. I d.C.], (traducidas al castellano y anotadas según la edición de Rollin), Madrid, Imprenta de la Administración del Real Arbitrio de Beneficencia, 1799, USA, 2014, p. 121. (Edición facsimilar).

[76] Véase: Miller, Jacques-Alain, *El partenaire-síntoma* [1997-1998], Paidós, Buenos Aires, 2008, pp. 333-341.

Capítulo 4

Silencio y metapsicología

> ...llevar al sujeto a "lo que habrá sido" (*Das Gewesene*);
> *Gewesen*: literalmente: lo que ha "esenciado".
>
> Martin Heidegger[1]

En su curso, "¿Técnica del psicoanálisis?", Braunstein propuso un esquema en cortocircuito que ilustra la constitución (o no) del sujeto de lo inconsciente:[2]

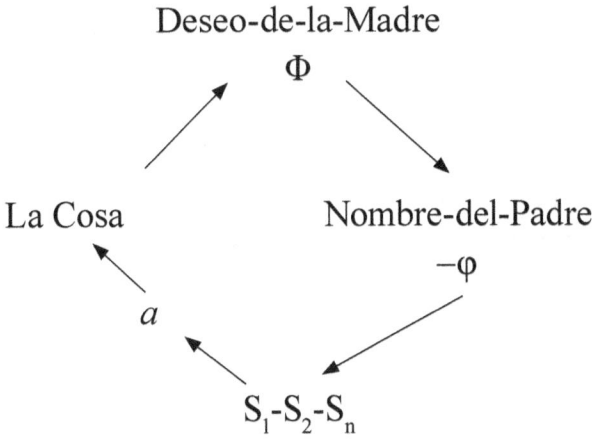

Figura 1. Constitución del sujeto

---

[1]   Heidegger, Martín, *De camino al habla* [1959], Barcelona, Odós, p. 140.

[2]   Véase: Braunstein, Néstor, *El goce. Un concepto lacaniano* [2006], México, Siglo XXI, 2006, p. 97.

Es en relación a la Cosa (para efectos prácticos, categoría identificada a la madre, objeto del deseo), que un presujeto se melancoliza. El Falo (Φ) marca su imposibilidad de acceso a la Cosa y es, por ello, el significante de la ausencia que pivotea el genitivo bidireccional –subjetivo y objetivo– expresado en el sintagma "deseo *de* la madre". No obstante, esa restricción debe ser significada, articulada como castración.

Si en este punto (anterior a la intervención del Nombre-del-Padre) se detuviera el proceso, la psicosis sería el efecto; es decir, cristalizaría un *sujeto del goce* coagulado al Otro primigenio. En ese caso, el sujeto estaría imposibilitado para alcanzar los significantes que no están en su estructura. Nada podría ocupar el lugar de lo forcluido (*Verwirft*), impensable en el discurso, pues en las psicosis el goce del ser comanda, goce maldito, mal-dicho, *maledictum*.[3] La palabra no acude a mitigar la lesión infligida por las impresiones originarias. No hay metáfora que alivie la inclemencia de lo real, no

---

[3] Nasio se pregunta si hay un silencio propio de la represión y otro específico ligado a la forclusión, proponiendo la siguiente hipótesis: el silencio de la represión opera sobre algo ya existente mientras que el de la forclusión incide sobre algo no advenido. "Este distingo se relaciona con el que retoma Lacan de los antiguos, entre el silencio del *taceo* y el silencio del *sileo*. *Taceo* significa callarse, acallar en sí algo existente, mientras que *sileo* significa la vacancia de algo nunca advenido. A diferencia del silencio activo de la represión, que corresponde al *taceo*, el de la abolición forclusiva parará en el *sileo*". Véase: Nasio, Juan David, "Debate. Jean-Richard Freymann, Jacques Felician, Juan David Nasio, Christian Oddoux", en: Nasio, J. D. (ed.), *El silencio en psicoanálisis* [1987], Buenos Aires, Amorrortu, 1999, p. 111. Nasio alude a una clase del seminario 14; véase: Lacan, Jacques, *El Seminario. Libro 14. La lógica del fantasma (1966-1967)*. Versión mimeografiada. Clase del 12 de abril de 1967.

hay sucesión significante, la concatenación simbólica está interrumpida. El codicilo permanece y el canto del Uno carece de augur.

Si la secuencia del esquema propuesto continuara (Nombre-del-Padre mediante), advendría un sujeto escindido, atenazado por alguna variante de la neurosis. De este modo, si el Nombre-del-Padre interviene sustituyendo al Deseo-de-la-Madre se tendrá un *sujeto de lo inconsciente*, consecuencia lógica de la metáfora paterna, performativa de suyo por −a un tiempo− salvar al sujeto de un goce mortífero, *minusculizar* el Falo (Φ) transustanciando lo simbólico en imaginario ($-\varphi$), vectorizar la ley de prohibición del incesto, instaurar la amenaza de castración y condenar a la búsqueda del deseo en todo aquello que haga semblante de causarlo (*a*).

Y lo anterior se cumple aún en aquellos casos donde, finalizado el proceso del circuito, el sujeto desmiente su trayecto pretendiendo que el goce originario es susceptible de ser recuperado, teniendo como resultado la perversión.

La cadena significante (S_1-S_2-S_n) parte del Nombre-del-Padre (S_1), se liga a lo inconsciente −ese saber insabido (S_2)− y al resto de significantes posibles (S_n). Que lo inconsciente se estructure como discurso evidencia la cisura que de ahí en más determinará al *sujetado* (a la ley, al deseo, al Estado; en suma, al lenguaje mismo). Los objetos *a* serán los polvos de aquel lodo originario que en retroactiva se constituirá como el objeto de la melancolía (del que llegamos a sentirnos privados sin haberlo tenido nunca).[4]

---

[4]   Afirma Barthes que "ciertos idiomas como el chinook suponen varios pasados, uno de los cuales es el pasado mítico", lo que sería muy útil en

Si lo antedicho se liga a la consecutiva sedimentación del aparato psíquico propuesta por Freud en la "Carta 52"[5] (y que Braunstein repiensa),[6] pueden inferirse diversos tipos de silencio de orden metapsicológico que, a continuación, se intentarán mostrar.

	I	II	III	
W	*Wz*	*Ubw*	*Vb*	*Bew*
Impresiones	Ello	Inconsciente	Preconsciente	Fading $
Goce perdido	Ciframiento	Descifrado	Sentido	Goce recuperado

Figura 2. Superposición de "Carta 52" y tópicas freudianas

Wahrnehmungen (percepciones)

Decía Lacan que "el goce no se aprehende, no se concibe, sino por lo que es cuerpo".[7] Hay aquí un primer silencio implicado: el cuerpo es depositario de un goce insusceptible –en este punto– de ser dicho; se trata de un goce consustancial a la *indecibilidad*. El deseo (inarticulable) del Otro se trasunta como goce encarnado en el cuerpo del crío, quien sólo advendrá como sujeto del significante en la medida en que haga eco a

---

nuestra lengua para designar los recintos de la Cosa. Barthes, Roland, "Escribir, ¿un verbo intransitivo?" [1966], en: *El susurro del lenguaje. Más allá de la palabra y la escritura* [1984], Barcelona, Paidós, 1987, p. 26.

[5] Freud, Sigmund, *Cartas a Wilhelm Fliess (1887-1904)*, Buenos Aires, Amorrortu, 1986, p. 219.

[6] Braunstein, N., *op. cit.*, p. 189.

[7] Lacan, J., *El Seminario. Libro 13. El objeto del psicoanálisis (1965-1966)*. Versión mimeografiada. Clase del 27 de abril de 1966.

la voz que lo requiere. Es así que el cuerpo de la criatura, por estar a merced de una linotipia deseante, ve echada su suerte.

Wahrnehmungen es también el campo inmemorial de las percepciones que troquelarán la estampa primera, escenario de la incidencia sobre el futuro sujeto de un real crudo que en él hace muesca, *Real-Ich*, recinto de la Cosa. Por tratarse de una vivencia (todavía) no cribada por lo simbólico, puede señalarse un silencio previo y externo al lenguaje: el silencio de lo real. Pero hablar de anterioridad entraña un riesgo porque se trata aquí de tiempos lógicos.

En efecto, como hablar de verbo y goce plantea el complejo problema de la génesis, supóngase para ambos una emergencia simultánea, de mutua determinación: el lenguaje signa una pérdida que, por articularse, se instituye, al tiempo que no hay lenguaje sino por instancia de una pérdida que sólo podrá ser evocada, nunca disuelta ni mitigada.

Bien se ve que "el goce no es anterior sino que se constituye en la retroactividad de la palabra, como el saldo que ella nunca consigue reintegrar, como lo que produce y deja atrás en su progreso".[8] Manita zurda la del sujeto: va borrando lo recién trazado; su escritura no reincorpora el goce antiguo, ése que es motor de todos sus afanes.

Así, el *Yo-real originario* freudiano (*Real-Ich*)[9] y el *sujeto del goce* lacaniano (*sujet de la jouissance*)[10] –en muchos

---

[8] Braunstein, N., *op. cit.*, p. 181.

[9] Freud, S., "Pulsiones y destinos de pulsión" (1915), en: *Obras completas*, t. XIV. Trad. de José L. Etcheverry. Buenos Aires, Amorrortu, 1986, pp. 129-130.

[10] Véase: Lacan, J., *El Seminario. Libro 10. La Angustia (1962-1963)*, Buenos

sentidos equivalentes, según una muy detallada argumentación de Braunstein–[11] son previos a la incidencia significante y no podría caracterizarlos algo distinto al silencio que en todo principio impera.

Es a propósito de este registro que Freud afirma: "La consciencia (*sic*) y la memoria se excluyen mutuamente ya que a las percepciones originarias se vincula la consciencia pero éstas no conservan traza de lo acontecido".[12]

La Cosa

Según la definición de Lacan, "la Cosa [es] aquello que de lo real padece del significante" (*la Chose* [...] *ce qui du réel pâtit*

Aires, Paidós, 2006, pp. 189-190; Lacan, J., *El Seminario. Libro 16. De un Otro al otro (1968-1969)*, Buenos Aires, Paidós, 2008, pp.131 y 292; Lacan, J., "Presentación de las *Memorias de un neurópata*" (1966), en: *Otros escritos* [2001], Buenos Aires, Paidós, 2012, p. 233

[11] José Luis Etcheverry traduce *Real-Ich* como *yo-realidad*; lo mismo hace Fernando Cervantes Gimeno (véase: Laplanche, Jean, y Pontalis, Jean-Bertrand, *Diccionario de psicoanálisis* [1968], Barcelona, Labor, 1981, pp. 472-474.). Braunstein parece zanjar el diferendo explicando que en el escrito de 1911, relativo a los dos principios del suceder psíquico, Freud postula un *Yo-real* que presupone el reconocimiento del principio de realidad (pudiendo accederse así a la idea de un *yo-realidad*). Pero no se trata de una discrepancia en la traducción sino de un yerro, pues ese *yo-realidad* de 1911, reelaborado en 1924 como *yo-realidad definitivo*, debe distinguirse del Yo-real de 1915. A la confusión entre estas nociones contribuyeron Strachey y el vocabulario de Laplanche y Pontalis, desorientando al propio Lacan. Véase: Braunstein, N., *op. cit.*, pp. 109-112.

[12] Freud, S., "Los orígenes del psicoanálisis", en: *Obras completas*, t. XXII. Trad. de Ludovico Rosenthal, Buenos Aires, Santiago Rueda, 1954, p. 209.

du signifiant).[13] El sujeto es expulsado de lo real, deportado; el agente de migración que lo notifica es el lenguaje, cuya primera manifestación (así sea del orden del grito) produce al silencio como aquello anterior a la Cosa misma. El trajín pulsional no tiene otro propósito que la reintegración a ese hueco (silente) que es axial en dos sentidos: por concernir a un eje (el centro del toro) y por constituir la finalidad de una empresa (la pulsional).

Por lo anterior, si se optara –no por una traducción sino por una interpretación sensible a la orientación de los conceptos disectados a lo largo del seminario 7– podría traducirse: la Cosa es aquello *de lo que el significante padece*; pues decir "aquello de lo real que padece *del* significante" es poco claro (incluso interpretando: "como se diría de alguien 'que padece de catarro', que padece *del* síntoma").[14] Si a lo real mudo nada le falta, ¿qué de lo real podría padecer por algo? Es al sujeto hablante a quien le falta algo (por eso habla), y es esa palabra la que padece del real improferible, la que adolece del objeto del deseo añorado, causa y efecto de la demanda que implora una imposible reintegración a lo innominado.

El síntoma, silencio entramado al goce, habita "las afueras" de la palabra; rige ahí un dinar ajeno al simbólico, liso y sin inscripción alguna. De ahí que si el discurso *desgocifica*, el síntoma reinstituye los fueros del goce (lo reincorpora en las

---

[13]   Lacan, J., *El Seminario. Libro 7. La ética del psicoanálisis (1959-1960)*, Buenos Aires, Paidós, 1992, p. 154.
   Lacan, J., *Le Séminaire. Livre 7. L'étique de la psychanalyse (1959-1960)*, Paris, Seuil, 1986, p.150.

[14]   Braunstein, N., *op. cit.*, p. 41.

conversiones histéricas, por ejemplo). Pareciera una reedición del sinsentido propio del ello, punto bifaz que media entre lo cifrado y el eventual desciframiento. En este sentido, la neurosis también es de naturaleza bifronte en relación al goce: lo asila y desaprueba, consiente y desestima, ampara y desconoce.

En cualquier caso, decir(se) es admitir ser vástago del silencio; hablar es la enunciación de un acto que funda la Cosa: *declaro instaurado el vacío en función del cual bregaré sin respiro* es el performativo que crea un acontecimiento: el de la nostalgia por un goce ya para siempre (y desde siempre) perdido. Adviértase que "la enunciación no tiene más contenido (más enunciado) que el acto por el cual ella misma se profiere",[15] por lo que dicha en primera persona y en presente *deviene* performativa. Así, la referencia para toda enunciación es el goce, real que empuja al decir que nunca lo abarca.

Acceder a lo simbólico es un acto que (igual que los enunciados performativos mismos) puede reproducirse, mas no repetirse, "porque cada reproducción constituye un acto nuevo y distinto y, si la reproducción es una repetición, pierde su carácter performativo".[16] La analogía nos lleva a proponer que en cada silencio de la situación analítica se evoca el goce aquel: renegar de la palabra es reproducir, simular, hacer mímica del vacío anterior por el que la palabra fue posible.

Si desear es creer posible el retorno al goce, se precisa entonces formular esa demanda específica. Mas hablar es privarse del goce al que se propende. No deja de admirar que una

---

[15] Barthes, R., "La muerte del autor" [1968], en: *op. cit.*, p. 69.

[16] Beristáin, Helena, *Diccionario de retórica y poética* [1985], México, Porrúa, 1985, p. 25.

voz castellana relacionada con el destete sea *escosa*: "Dícese de la hembra de cualquier animal cuando deja de dar leche";[17] escosa, esCosa, es(la)Cosa. Sirva esta metáfora para recalcar que la Cosa es el "punto cero del lenguaje" [18] evocado en toda demanda. "Pero esta liberación, la voz humana que suscita el eco donde no había antes sino silencio [...] este abrupto destete, del que la mitología antigua tiene una inquietante conciencia, ha dejado sus cicatrices. [De ahí] el sombrío atisbo de Freud de la nostalgia del hombre, de su oculto deseo de sumergirse otra vez en una etapa temprana e inarticulada".[19] Sed del silencio primero, ansia de reintegrarse al goce inveterado.

Para ganar la sujeción a lo simbólico, nada mejor ni peor podría sucedernos, pues "el objeto humano se constituye siempre por la mediación de una primera pérdida. Nada fecundo le sucede al hombre sino por la mediación de una pérdida del objeto [...] el sujeto siempre tiene que reconstituir el objeto, buscar reencontrar su totalidad a partir de quién sabe qué unidad perdida en el origen".[20] Freud decía que el melancólico sabe lo que pierde más no lo que con ello pierde; el sujeto del significante habrá sabido lo que pierde (y lo que con ello gana) en tanto renuncie a la sujeción del goce primigenio.

Véase este pasaje que por hablar de "otra cosa" –por alusión– de ella habla: "Y así queda bajo ella, separado de sí,

---

[17] Alonso, Martín, *Diccionario del español moderno* [1960], Madrid, Aguilar, 1982, p. 443.

[18] Braunstein, N., *op. cit.*, p. 89.

[19] Steiner, Georges, *Lenguaje y silencio* [1976], México, Gedisa, 1990, p. 64.

[20] Lacan, J., *El Seminario. Libro 2. El yo en la teoría de Freud y en la técnica psicoanalítica (1954-1955)*, Buenos Aires, Paidós, 1983, p. 208.

enajenado; y fue su única ventura el buscarla [...] al echarla de menos y al padecer por su falta, y al llorarla cuando cree estar llorando otra cosa. Todo llanto es por algo perdido entonces, inicialmente, pues el que se nos pierda todo procede de ahí. [...] Y será [...] la palabra siempre quien habrá de acudir a sostener la inocencia desvalida".[21] Difícil ilustrar mejor cómo el dique lenguajero marca el limen de los goces.

Silenciándose, el analista invita al vértigo de abismarse en lo indecible, pues "convoca en el paciente un decir, una palabra que no diría otra cosa que la pérdida que lo hace hablar, el acto que origina su interrogación".[22] Con toda justicia puede afirmarse que somos "hijos de Ausencia y de Silencio".[23]

Ese real neto de la Cosa donde norma un goce crudo precede a toda significación y, a un tiempo, es efecto de ésta. El silencio con el que las pulsiones operan es el mismo que en los ámbitos de la Cosa rige. La brega pulsional no es sino la incesante pugna por reconquistar la plenitud de ese goce del ser (el del cuerpo lacerado en su carnadura por aquellas percepciones fundantes), proscrito por la interdicción del lenguaje. Hubo pues un silencio indemne, ultimado por la lesión de la palabra.

Aclárese que referirse a un tiempo anterior a la simbolización no equivale a suponer una realidad prediscursiva: la Cosa, real previo a la significación, no es sino una suposición lógica que la significación misma permite: "No hay ninguna realidad

---

[21] Zambrano, María, *De la aurora* [1986], Madrid, Turner, 1986, pp. 66-67.

[22] Zolty, Liliane, "El psicoanalista a la escucha del silencio", en: Nasio, J. D. (ed.), *op. cit.*, p. 194.

[23] Villa, François-Daniel, "El mutismo del niño autista. ¿Una promesa de silencio?", en: Nasio, J. D. (ed.), *op. cit.*, p. 186.

prediscursiva. Cada realidad se funda y se define con un discurso".[24]

Siguiendo el esquema inicial, se transita "de la Cosa al falo [...] ése es el sentido de la ruta freudiana. [...] El proceso de la subjetivación puede entenderse como una sucesión de migraciones, exilios y vaciamientos del goce".[25] Es así como el Falo marca el pasaje de la Cosa al deseo.

El Falo

Es este el significante sin par que "está ausente de la cadena, es impronunciable, es el círculo que se traza como -1 respecto de lo que puede decirse".[26] Hay aquí tres rasgos que entrelazan al Falo con el silencio. Más aún: por ser referencia muda para todos los demás significantes, el Falo se homologa al silencio porque significa la falta misma de significante.

Arriésguese hablar del Falo como un silencio en tránsito, Jano bifronte que por un lado mira a lo real de la Cosa donde impera el silencio absoluto y, por el otro, avista la metáfora paterna que de lo peor salva. El Falo es la liminalidad misma,

---

[24] Lacan, J., *El Seminario. Libro 20. Aún (1972-1973)*, Buenos Aires, Paidós, 1975, p. 43. Hablando de la relación entre el escritor y el lenguaje, Barthes afirma: "no decimos que el escritor retorna al origen del lenguaje, sino que el lenguaje es el origen para él. [...] El hombre no preexiste al lenguaje, ni filogenéticamente, ni ontogenéticamente" [lo que también vale para la metapsicología]. "El discurso no es tan sólo una adición de frases, sino que en sí mismo constituye, por así decirlo, una gran frase". Barthes, R., "Escribir, ¿un verbo intransitivo?" [1966], en: *op. cit.*, pp. 25 y 26.

[25] Braunstein, N., *op. cit.*, p. 43.

[26] *Ibid.*, p. 90.

el umbral donde la castración simbólica padece aún de *impronunciabilidad*. Como agente simbólico de la castración, el Falo acota los confines del goce y del deseo.

El Nombre-del-Padre

"Lo que el Nombre-del-Padre 'produce' es la significación fálica, pero él es, a su vez, un sustituto articulable, decible, del Falo, significante del goce, fuente inarticulable de la palabra".[27] Así, la faz silente del Nombre-del-Padre es el Falo; lo que de éste (inexpresable en principio) se transustancie para ser susceptible de proferición (la significación fálica misma, $-\varphi$) se articulará por la metáfora paterna. Pues es por la castración ($-\varphi$) que el sujeto desea.[28]

Ser sujeto de lo simbólico es transitar del goce del ser al deseo. Ser sujeto del lenguaje es, pues, optar por la demanda que no logra articular a cabalidad el deseo que la causa; es hacer del goce el edén perdido que en la palabra se rebusca. Dicho de otro modo: el deseo es "la metonimia de la falta en

---

[27] *Ibid.*, p. 96.

[28] *Idem.* Ahí se sostiene y argumenta que en la fórmula lacaniana de la metáfora paterna el falo debe escribirse con minúscula (no con mayúscula, como lo hace Lacan).

ser";[29] y la privación que la falta en ser implica es simbolizada por un significante preciso: el Falo.[30]

Mas decir implica siempre un remanente: lo indecible que persiste en lo que va de la Cosa al Falo y de éste al Nombre-del-Padre; del deseo a la demanda; de la impresión a la percepción signada y de ésta al inconsciente; de la representación-cosa a la representación-palabra; del referente al signo y de las cosas a las palabras.

Wahrnehmungszeichen (signos de percepción)

Retomando la "Carta 52" de Freud: es en este ámbito de los signos de percepción donde impera el silencio de las pulsiones de muerte, pues la voz *Wahrnehmungszeichen* designa un revoltijo presignificante que corresponde al Ello freudiano; se trata de una signatura gocera primigenia, escritura aún ilegible, sopita de letras empaquetada, *impresión* vuelta *percepción* cifrada, sincrónica, pre-subjetiva. Puede deducirse entonces que en el registro fundante (*Wahrnehmungen*) reina un silencio pleno que adviene cifrado al primer sistema (*Wahrnehmungszeichen*).

---

[29] Lacan, J., "La dirección de la cura y los principios de su poder" (1958), en: *Escritos* [1966], vol. 2, México, Siglo XXI, 1999, p. 602. Tomás Segovia traduce *"manque à être"* como "carencia en ser". "Falta en ser" parece más adecuado, como habitualmente traducen Diana Rabinovich y Jacques-Alain Miller en las versiones castellanas de los seminarios de Lacan..

[30] Véase: Lacan, J., "Ideas directivas para un congreso sobre sexualidad femenina" (1958/1960), en: *op. cit.*, p. 708; Lacan, J., "En memoria de Ernest Jones: Sobre su teoría del simbolismo" (1959/1960), en: *op. cit.*, p. 688.

Se trata, en suma, de un silencio cifrado que, en su condición inefable, prefigura lo que en el inconsciente será indecible.

Lacan lo razonó en un sentido inverso –no del Ello al inconsciente como esquemáticamente se propone aquí, sino al revés– al sostener que Freud articula el Ello como un lugar de silencio. El Ello, propone Lacan, "es el inconsciente cuando se calla. Ese silencio es un callar".[31] Si el silencio es anterior a la palabra y el callar posterior a ésta, Lacan sugiere que el goce descifrado, el discurso que diacroniza los signos de percepción, adolece en toda proferición de lo *indicho*. Pero esta dimensión de inefabilidad es ya posterior a la palabra y por tanto es un callar. Las percepciones (W) y los signos de percepción (Wz) son los recintos del silencio; y porque el inconsciente (Ubw) no descifra (cómo podría, habiendo una represión primordial), todo lo que en el Ello es notación gocera, éste es –en retroacción– el callar de aquél.

Con todos los riesgos que implica, puede suponerse una correspondencia entre esta primera transcripción del aparato psíquico (Wz) y el Falo, por tener en común una significación encriptada aún, esto es, sincrónica. Los signos de percepción no son significantes, y aún no traducen significancia alguna, tal como el Falo (Φ) adviene articulable sólo en su vertiente minusculizada y negativa ($-\varphi$).

---

[31] Lacan, J., *El Seminario. Libro 21. Los no incautos yerran (1973-1974)*. Versión mimeografiada. Clase del 11 de junio de 1974. Debería permitirse colocar la *ye* del título entre paréntesis, para enfatizar el equívoco que sugiere por igual yerro y extravío: *Los no incautos (y)erran*. O en su defecto, sin mermar el espectro semántico, podría traducirse simple y llanamente *Los no incautos erran*.

Braunstein postula que este estrato de la "Carta 52" (*Wz*) puede homologarse al Ello de la segunda tópica freudiana.[32] No parece forzado inferir lo siguiente: si el Ello es el caldero de las pulsiones y el Falo representa la inaccesibilidad a la Cosa, los signos de percepción (*Wz*) constituyen la faz silenciosa de lo inconsciente como el Falo sigila lo que sólo el Nombre-del-Padre (S_1) permitirá articular al eslabonarse con el saber ignorado de lo inconsciente (S_2) y con el resto de la cadena (S_n).

De acuerdo con lo hasta aquí expuesto, el sujeto atravesado por el lenguaje queda en medio de dos goces: uno previo, irrecuperable como la Cosa misma y otro venidero, ligado a los objetos del deseo que, en lo imaginario, *representan* al Falo mismo (y a los que éste conferirá una significación signada por la castración misma). Dicho de otro modo: es porque el sujeto es trasterrado del goce ancestral que adviene deseante.

El deseo

Puesto que el deseo exige amagar su articulación bajo la forma de una demanda, el goce primigenio (transido de castración) muda su condición a goce fálico. Hay entonces una dimensión silenciosa –la del deseo–, fracturada en la demanda que busca la transustanciación de aquél, su apalabramiento: la técnica psicoanalítica trabaja en función de tal posibilidad.

"Se anuncia una ética, convertida al silencio, por la avenida no del espanto, sino del deseo: y la cuestión es saber cómo la

---

[32] Braunstein, N., *op. cit.*, p. 91.

vía de la charla palabrera del psicoanálisis conduce a ella".[33] Se trata de que en el dispositivo analítico se logre "crear riesgo con la sola palabra y elevar a apuesta lo que hubiera podido ser sólo palabrería".[34] Al respecto, Lacan fue muy claro: "el sujeto es propiamente aquel a quien comprometemos, no a decirlo todo, que es lo que le decimos para complacerlo –no se puede decir todo– sino a decir necedades, ahí está el asunto. Con estas necedades vamos a hacer el análisis, y entramos en el nuevo sujeto que es el del inconsciente".[35]

En un proceso analítico, buscando la palabra justa nos topamos con el extravío que todas las demás entrañan. Traducir (sin traicionar) lo inefable –el deseo– es la empresa analítica. En efecto, "las palabras todas aluden a una palabra perdida. Se la siente [...] en la garganta misma, cerrando con su presencia el paso de la palabra que iba a salir".[36]

Ahora bien: "El deseo es una relación de ser a falta. Esta falta es, hablando con propiedad, falta de ser. No es falta de esto o de aquello, sino falta de ser por la cual el ser existe. Esta falta está más allá de todo lo que puede presentarla. [...] El deseo, función central de toda la experiencia humana, es deseo de nada nombrable".[37] Y dado que la palabra que falta

---

[33] Lacan, J., "Observación sobre el informe de Daniel Lagache: 'Psicoanálisis y estructura de la personalidad'" (1960), en: *op. cit.*, p. 663.

[34] Soler, Colette, "El efecto Jacques Lacan", en: de Cossé Brissac, Marie-Pierre, Dumas, Roland y Giroud, Françoise, *¿Conoce usted a Lacan?* [1992], Barcelona, Paidós, 1995, p. 49.

[35] Lacan, J., *El Seminario. Libro 20 (1972-1973), Aún*, p. 31.

[36] Zambrano, María, *Claros del bosque* [1964-1971], Barcelona, Seix Barral, 1977, p. 87.

[37] Lacan, J., *El Seminario. Libro 2. El yo en la teoría de Freud y en la técnica*

no es más que el efecto de la *falta en ser*, nos topamos en análisis con un sujeto cuyo deseo "es previo a cualquier especie de conceptualización [mas] toda conceptualización sale de él".[38] Es ésta la paradoja: el sujeto de lo inconsciente fracasa cada vez en el intento de apalabrar un deseo anterior a toda forma de conceptualización, pero *esta anterioridad es futura* (de ahí que lo analítico se conjugue en futuro anterior), ya que es por el deseo que el apalabramiento adviene. De todo discurso, el deseo es *causa antecedente* (léase la Cosa) y *causa consecuente* (objetivada en cualquier objeto que cause el deseo mismo, esto es *a*).[39]

"Fundamentalmente, cuando Freud habla del deseo como resorte de las formaciones simbólicas, del sueño al chiste pasando por todos los hechos de la psicopatología cotidiana, siempre se trata del momento en que lo que llega a la existencia por medio del símbolo no es todavía, y por lo tanto no puede en forma alguna ser nombrado".[40] Enfatícese la expresión *no es todavía*, por demás ambigua: que algo acceda a lo simbólico no implica indefectiblemente que pueda llegar a ser nombrado. Se entiende así que el deseo permanezca inarticulable aun

---

psicoanalítica (1954-1955), pp. 334-335.

[38] *Ibid.*, p. 337.

[39] Es así como las cosas (*die Sache*) hacen las veces de paliativos en relación a la Cosa (*das Ding*), como bien se observa en el esquema que sirve de guía a esta sección (véase: Braunstein, N., *op. cit.*, p. 82). Se impone un matiz: decir "previo" no corresponde a la naturaleza lógica de la relación que guardan palabra, deseo y demanda. Porque se desea, se demanda, pero el deseo mismo es remanente de la demanda. Así, todo deseo es refundado (reformulado) por la demanda que intenta –en vano– expresarlo.

[40] Lacan, J., *op. cit.*, p. 317.

cuando ya esté articulado. Se trata de la misma relación –si seguimos a Hjemslev– que guardan los planos del contenido y de la expresión con el referente: lo referido irrumpe en lo simbólico aunque entre la realidad y lo real persista un saldo. En la demanda, el deseo no *es* todavía (cómo podría); y en lo simbólico (contrariando a Lacan) nunca *será* nada (salvo el resto improferible, el saldo insaldable).

Así, toda demanda acusa en su enunciación un déficit: el deseo mismo, que exige servirse de aquella para ir más allá si ha de tomárselo a la letra, lo cual significa que las impresiones goceras en el cuerpo, las *Wahrnehmungen* de las que habla Freud en la "Carta 52", son del deseo la letra (percepción signada mediante) que tiene su lector en el inconsciente. Por tal lectura se abre paso la subjetividad que avanza a los tumbos por un desfiladero: de un lado, se alza la carne herrada por el goce; de otro, los decires que flanquean la siempre lábil cicatriz. De ahí que el deseo sea menos esperanza que evocación de aquel primer embate del goce en la otrora carne *(a)*signada (a un presujeto), *desdicha* (ser iletrada era su desventura), aún no alzada en vilo por el gancho del lenguaje.

Dicho esto, señálese por último que en el registro de las impresiones (*Wahrnehmungen*) y en el de los signos de percepción (*Wahrnehmungszeichen*) hay dos sigilos implicados –de muy distinta naturaleza– sobre los que operará un segundo sistema, el de lo inconsciente.

Unbewusste (inconsciente)

Aquí el lío de los signos de percepción se diacroniza instituyendo la dotación significante: lo real de las impresiones y el goce cifrado acceden así al universo de las diferencias. La condensación y el desplazamiento serán los vehículos de tal desciframiento. De ahí que pueda afirmarse que "lo que Freud articula como proceso primario en el inconsciente [...] no es algo que se cifra, sino que se descifra. Yo digo: el goce mismo".[41]

El proceso primario es entonces la caja de resonancia donde el silencio imperante en la Cosa empieza a hacerse oír. El pasaje del goce al deseo –del Falo (Φ) al falo ($-\varphi$), del Deseo-de-la-Madre al Nombre-del-Padre– traduce una especie de desciframiento sonoro; lo real (vuelto realidad psíquica) se hace audible. Discurso mediante, es lo inconsciente el receptáculo de ese clamor. De nuevo, se tiene aquí la faz sigilada (en tanto lo inconsciente siga siendo "aquella parte del discurso concreto en cuanto transindividual que falta a la disposición del sujeto para restablecer la continuidad de su discurso consciente");[42] pero se trata de un silencio amplificado al ya ser susceptible de estructurarse *como un lenguaje*. Lo que *habrá sido* dicho será el efecto de un desciframiento, que en lectura retroactiva dará trazas de lo que hasta entonces habría permanecido cifrado.

---

[41] Lacan, J., *Televisión* [1973], en: *Psicoanálisis. Radiofonía & Televisión*, Barcelona, Anagrama, 1980, p. 102.

[42] Lacan, J., "Función y campo de la palabra y del lenguaje en psicoanálisis" (1953), *Escritos* [1966], vol. 1, México, Siglo XXI, 1999, p. 248.

De ahí que el cero (la Cosa), sea el efecto retroactivo del -1 (el Falo). El uno (Nombre-del-Padre), produce la significancia del Falo en forma de castración, y en la medida que hace cadena con el dos de lo inconsciente (S_2) desencripta lo otrora cifrado fracasando en su intento por apalabrar lo inefable (el deseo). Al sujeto de lo inconsciente puede llamársele con justicia –en términos retóricos– *sujeto sinecdoquiano* por estar condenado a tomar la parte (*die Sache*) por el todo (*das Ding*).

"El inconsciente, a partir de Freud, es una cadena de significantes que en algún sitio (en otro escenario, escribe él) se repite e insiste para interferir en los cortes que le ofrece el discurso efectivo y la cogitación que él informa".[43] Del goce descifrado informa el inconsciente, del goce *desincorporado* (es decir del goce del ser que ha sido expulsado de su recinto que es el cuerpo), goce falicizado, si fuera permitido decirlo así.

Así, traspuesto al discurso, el goce es un trasterrado del cuerpo, pues "hacer pasar el goce al inconsciente, es decir a la contabilidad, es en efecto un redomado desplazamiento".[44] De no tener lugar esta auditoría al goce, el balance tributario sería catastrófico. El déficit obligaría irreversiblemente a la liquidación de la empresa subjetiva y el pasivo de este inventario sería un silencio letal.

---

[43] Lacan, J., "Subversión del sujeto y dialéctica del deseo en el inconsciente freudiano" (1960), en: *op. cit.*, p. 779.

[44] Lacan, J., *Radiofonía* [1970], en: *Psicoanálisis. Radiofonía & Televisión*, p. 35. Esta es la traducción de Óscar Massota. Otra propuesta es: "[...] un maldito (*sacré*) desplazamiento" (Braunstein, N., *op. cit.*, p. 178). La menos afortunada de las traducciones reza: "[...] un impresionante desplazamiento" (Lacan, J., *Otros escritos* [2001], p. 442).

Ahora bien, dado que el desciframiento no es total, subsiste un residuo, silente. Callando, el analista propicia que el analizando intente la puesta en letra de su goce; el inconsciente deletrea (decodifica) al Ello en un proceso que cualquier palabra del analista entorpecería.

En su largo periplo, sólo jirones de goce acceden a la palabra: del tatuaje que es en el cuerpo —marca temprana e indeleble (*W*)–, el goce se signa (*Wz*) para después ser descifrado (*Ubw*) y dotado de sentido (*Vb*). De los retazos que del goce emergen en lo oral, habrá que restituir lo que se precise para que el deseo lo condescienda. "El cuerpo es la plancha o tabla vacía, el escenario, el libro, el disco acuñado por las inscripciones o grabaciones cifradas. El análisis será así un proceso de lectura con aguja (estilo) o rayo láser que haga audible lo que está inscripto y desconocido para el sujeto: el goce mismo";[45] pero si "el inconsciente es, por su esencia y existencia, lo que resiste a la traducción",[46] el disco de esta metáfora tendrá siempre una franja que la aguja recorrerá en silencio, reinterpretando la pista *4'33"* que en 1952 escribiera John Cage; el láser testifica un silencio que nunca transigió ser audible. Dicho de otra manera: no todo lo registrado en el CD podrá ser reproducido por el fonograma; para el surco del goce no hay análisis de tal fidelidad.

Se trata entonces de reencontrar un goce transido de deseo. Instrumentar la técnica que tal propósito precisa es labor del

---

[45] Braunstein, N., *op. cit.*, p. 196.

[46] Braunstein, N., "La traducción de lo intraducible en psicoanálisis", en: *Traducir el psicoanálisis. Interpretación, sentido y transferencia*, México, Paradiso editores, 2012, p. 20.

analista. Y aunque el deseo es lo que no puede decirse, hay que intentar tal proferición en presencia de un otro silente para saberla imposible. Pero el analista no es sólo un testigo silente de lo que en un análisis acontece: su silencio escenifica un acto que acota el goce al que insta. Si callar no es dejar de decir, el silencio del analista evidencia, como proferición sigilada, su postura ética.

En los textos jesuíticos se habla de un "saber bien hablar", homólogo a la ética del bien decir. San Basilio afirma que "esa ciencia de saber bien hablar no se puede aprender sino callando y ejercitándose mucho en el silencio".[47] Hay entonces una ética consustancial a la del bien decir: la del bien callar, que tanta pericia requiere.

Así las cosas, si el Ello es el caldero de las pulsiones mudas, el Inconsciente (*Unbewusste*) es el sistema donde el silencio consustancial al goce imperante en las *Wahrnehmungen* comienza a hacerse oír: gracias a la palabra, el goce (otrora silencio encarnado) se *desincorpora* perdurando –no obstante– inefable; su indecibilidad es el sustrato sin el cual no va análisis alguno.

Por tanto, el lenguaje es tamiz del goce y lo así destilado es discurso. Y del decir, el goce es la sustancia que en lo inconsciente adviene palimpsesto en tanto, de aquella otra escritura asistemática del primer sistema (*Wahrnehmungszeichen*) conserva las huellas.

---

[47] Rodríguez, Alonso, *Ejercicio de perfección y virtudes cristianas* [1606], Madrid, Testimonio, 1965, p. 717.

Vorbewusste (preconsciente)

Es esta la tercera transcripción de la "Carta 52" que va de lo inconsciente a lo preconsciente, y donde lo que es estructurado como un lenguaje cobra sentido.

El débito del significante con el goce es siempre el silencio que no logró integrarse a lo simbólico. El pignorante lo es en dos sentidos: su *empeño* es articular un goce que a cambio exige dejar un silencio en prenda.

El objeto *a*

Entre el signo y su referente –ya se sabe– hay un inefable. Cada palabra acusa el sello de su origen: el silencio que persiste en lo indecible. Ni para decir lo que en cada una queda sin ser dicho alcanzan todas las palabras.

Este real "in-significante" (objeto *a*) es distinto al real primordial de la Cosa; la palabra media entre ambos imperando un tiempo lógico. ¿Qué tipo de silencio sería el propio del objeto *a* y en qué se diferenciaría del de la Cosa? Quizá pudiera establecerse la misma diferencia que entre el silencio y el callar existe: el uno, anterior a la palabra, correspondería al silencio de la Cosa; el otro, posterior, sería correlativo al objeto *a*.

El silencio ligado a la Cosa es evidenciado por el Falo: siendo significante permanece, sin embargo, mudo; en espera (en el más deseable de los casos) del Nombre-del-Padre, significa lo todavía-no dicho. En cuanto al carácter del silencio segundo, el objeto *a* es el vestigio insusceptible de discurso, propulsor y causa del deseo que en la demanda tampoco logra enunciarse. Lo "no-ya dicho", lo simbólicamente irreductible, lo que en toda articulación queda por ser expresado, lo que en una lengua universal (perfecta, utópica)[48] igual persistiría *indicho* es *a*, mentís de la glotomanía.

Entre lo *todavía-no dicho* y lo *no-ya dicho* se juega la estructura del sujeto. Si lo primero es atenazado por el Deseo-de-la-Madre, el significante troncal de la cadena quedará forcluido; si lo segundo no cesa de escribirse, será la Ley lo que yugule al sujeto.

Refiere Nasio que, el 2 de diciembre de 1975, Lacan dijo: "El analista *es* ese semblante de residuo *a* y, en tanto lo es, interviene en el nivel del sujeto *$*, es decir, de lo que está condicionado 1) por lo que él enuncia, y 2) por lo que él no dice. [...] El silencio corresponde al semblante del residuo".[49]

Se ha dicho que "el silencio lo contiene todo dentro de sí; no está a la espera de nada".[50] No obstante, el silencio del analista no se adecua a lo anterior porque, haciendo semblante del indecible goce, está a la espera de un decir (goce fálico) que demarque los bordes en que el goce mismo se bifurca instaurando un más acá del significante (goce del ser) y un más allá (goce del Otro). [51]

---

[48] Se alude aquí al espléndido libro de Umberto Eco, *La búsqueda de la lengua perfecta* [1994], Barcelona, Grijalbo-Mondadori, 1994.

[49] Véase: *Silicet*, núms. 6 y 7, París. Seuil, 1976, pp. 62-63; "Extractos de las obras de S. Freud y de J. Lacan sobre el silencio", en: Nasio, J. D. (ed.), *op. cit.*, p. 234.

[50] Picard, Max *El mundo del silencio* [1948], Caracas, Monte Ávila, 1973, p. 13.

[51] La puntual distinción entre estos tres goces, "esencial para un nuevo abordaje de la clínica psicoanalítica", fue propuesta y desarrollada en: Braunstein, N., *El goce. Un concepto lacaniano* [2006], *op. cit.*, pp. 57-122 y pp. 133-146.

Parte II

Una retórica de lo inconsciente

Interludio

Inconsciente y retórica

> En una conversación cada uno trata
> de apoderarse del silencio,
> para poder hablar.
>
> J. L. Borges[1]

Lacan afirmaba que es en el lenguaje donde lo inconsciente despliega sus astucias, de un modo que sólo se comprende a cabalidad recurriendo "a los tropos y a las figuras, éstas de habla o de escritura, tan de veras como en Quintiliano, y que van desde el accismo y la metonimia hasta la catacresis y la antífrasis, hasta la hipálage, incluso hasta la lítote. [...] Lo cual nos obliga a concluir que no hay forma tan elaborada del estilo que el inconsciente no abunde en ella".[2]

Es preciso, entonces, conocer los rudimentos de la retórica para analizar los mecanismos con los que lo inconsciente opera. En el siguiente apartado se revisarán algunos términos retóricos que implican la noción de silencio y que son

---

[1] Bioy Casares, Adolfo, *Borges* [1931-1989], Buenos Aires, Destino, 2006, p.1956.

[2] Lacan, Jacques, "Situación del psicoanálisis y formación del psicoanalista en 1956" (1956), *Escritos* [1966], vol. 1, México, Siglo XXI, 1999, p. 448. Se alude, evidentemente, a las *Instituciones oratorias*.

pertinentes para pensar la cosa psicoanalítica. La referencia basal, si bien no única, será el indispensable *Diccionario de retórica y poética*.[3] Se entenderá aquí la noción de retórica en dos sentidos: "como estudio de las especulaciones dialécticas de la lengua tanto como el arte del decir y de la elocuencia".[4]

Es conveniente ceñir los vínculos que el psicoanálisis guarda con la retórica a una dimensión específica: la que atañe al plano simbólico del signo, la "masa fónica".[5] Es en este *plano de la expresión*, categoría propuesta por Hjelmslev, donde se juega la sustancia que más interesa al psicoanálisis. Recuérdese que el kobmendense distingue la "forma de la expresión" de la "sustancia de la expresión". Estructurada en significantes, la "sustancia de la expresión" (la "masa fónica") deviene "forma de la expresión".

Como sucede en el caso del análisis literario, al psicoanálisis incumben todos los niveles de la lengua. Y si hablar de enunciado es referirse al segmento mínimo de una secuencia hablada o escrita (grávida de sentido en ambos casos), parece evidente que ambas cadenas incluyen en sus eslabones al silencio mismo que va escandiendo lo dicho o escrito al tiempo que determina ora un sentido, ora otro. Ahí es donde están concernidos los diversos niveles de la lengua: el espectro morfosintáctico como pre-texto del plano lógico-semántico de la expresión, donde el analista buscará desentrañar el diagrama

---

[3] Beristáin, Helena, *Diccionario de retórica y poética* [1985], México, Porrúa, 1985.

[4] Block de Behar, Lisa, *Una retórica del silencio* [1984], Buenos Aires, Siglo XXI, 1994, p. 11.

[5] Beristáin, H., *op. cit.*, p. 448.

de la organización del sinsentido que los planos del enunciado y de la enunciación imbrican.

Bien se ve que el psicoanálisis no comulga con la corriente lingüística distribucionalista donde un enunciado es "cada parte del discurso proferida por una sola persona entre dos silencios".[6] En una situación analítica, el silencio mismo *es* parte del enunciado, pudiendo asimismo ser proferido –en una especie de elocuencia sigilada– por dos personas a la vez, analista y analizante, por caso. Esta perspectiva invita a dilucidar las condiciones de producción de los silencios implicados en todo cruce de enunciados, discerniendo por qué acontecen en un momento determinado de la cura y no en otro.

Puede concluirse entonces que la "masa fónica" no es la única sustancia de expresión posible: una *masa áfona* (que devendría una forma de expresión *a-sígnica*) vehicula también una dimensión expresiva relevante. Es esta la tesis que, de diversas maneras, se buscará demostrar a lo ancho de esta segunda parte.

---

[6] *Ibid.*, p. 186.

Capítulo 5

Silencio y retórica

Es digno de ser enfatizado que en su célebre tratado el Grupo μ no vacila en hablar, específicamente, de una *retórica de lo inconsciente*.[1]

Lo que en este apartado se pretende es articular los silencios que acontecen en la situación analítica (forclusiones, supresiones, represiones, juicios de condena, etcétera), con aquellos que la retórica discierne en las llamadas metábolas.

La voz "metábola" remite a las figuras retóricas, al "nivel de la lengua que se ve afectado por ellas –fónico-fonológico, morfosintáctico, semántico o lógico–, y [a] cualquiera que sea el tipo de operación que da lugar a la figura (supresión, adición, supresión-adición o sustitución y permutación)".[2] Asimismo, la metábola adopta diversos nombres "según afecte a la morfología de la expresión (*metaplasmo*), a su sintaxis (*metataxa*), a su plano semántico (*metasemema*), o a su plano lógico (*metalogismo*)".[3] Es en estos niveles de la lengua que

---

[1] Grupo μ. *Retórica general* [1982], Barcelona, Paidós, 1987, p. 225. Como puede verse, el subtítulo de este libro está en cursivas por tratarse de una cita.

[2] Beristáin, Helena, *Diccionario de retórica y poética* [1985], México, Porrúa, 1985, pp. 307-308. Es esta la taxonomía adoptada en: Grupo μ, *op. cit.*, pp. 97-115.

[3] Beristáin, H., *op. cit.*, p. 84.

el silencio se verifica y admite análisis puntual al elucidar las cuatro operaciones antemencionadas que –por lo demás– pueden ser parciales o totales.

A continuación se desmenuzarán dichas variantes estableciendo las probables correspondencias psicoanalíticas.[4]

Silencios que afectan a la morfología de la expresión (metaplasmos)

La voz "metaplasmo" remite a cualquier transformación o afectación que se opere en una palabra (en términos de supresión, adición, sustitución o permutación), tanto a nivel gráfico como sonoro. Así, todo aquello que se aparte del sentido usual y recto de una expresión, será metaplasmo. Siendo el silencio lo que aquí interesa, se analizarán en específico los efectos de orden supresor.

Borradura

Como variante del silencio, la borradura se produce por supresión completa y tiene lugar cuando tres puntos suspensivos indican que una palabra ha sido totalmente erradicada. "Se diferencia de otras figuras por omisión en que lo que se sobreentiende no aparece en otra parte del mismo texto".[5]

---

[4]   Puede iniciarse este recuento de consonancias evocando que Laplanche injertó el concepto "metábola" en la teoría psicoanalítica acuñando el término "metábola reprimente".

[5]   *Idem.*

Puesto que esta figura retórica se expresa por escrito con tres puntos suspensivos, interesa, para efectos de la cuestión analítica, saber cómo se manifestaría en la sustancia fónica. Beristáin aclara que sabemos de la borradura "durante la lectura del texto explícito, por una inflexión de voz".[6] Como ya se dijo, que el analizante asocie "libremente" en sus sesiones equivale a una lectura de lo inconsciente, entendido éste como una suerte de texto al que no preexiste escritura alguna y que es leído a medida que se produce.

Ahora bien, si mientras se lee lo que simultáneamente se escribe (lo inconsciente) surge una borradura, tendría lugar lo reprimido (*Verdrängt*), mecanismo incalculado en razón de que el sujeto no tiene a disposición el significante.[7]

Un ejemplo de esta clase de silencio se lee en el caso de la señora Emmy von N., donde Freud refiere el origen de un síntoma histérico asociado a un silencio imperioso.[8] En cierta ocasión, esa paciente se forzó a guardar absoluto silencio para

---

[6] *Idem.* El Grupo μ postula a su vez: "No habrá que olvidarse que toda supresión puede ser completa. Obtenemos así la anulación pura y simple de la palabra, marcada en la frase por cierta inflexión melódica [...]". Grupo μ, *op. cit.*, p. 104.

[7] Se tiene aquí una primera dificultad: la supresión (*Unterdrückung*) es claramente diferenciada por Freud de la represión (*Verdrängung*). No obstante, el término retórico que mejor da cuenta del fenómeno represivo es la supresión completa que la borradura define. Desde esta perspectiva, no debe extrañar que se haya propuesto alguna vez pensar la represión como "un tipo especial de supresión". Laplanche, Jean y Pontalis, Jean-Bertrand, *Diccionario de Psicoanálisis* [1968], Barcelona, Labor, 1981, p. 410.

[8] Véase: Freud, Sigmund, "Estudios sobre la histeria" (1893-1895), en: *Obras completas*, t. II. Trad. de José L. Etcheverry. Buenos Aires, Amorrortu, 1986, pp. 71-123.

no despertar a una hija enferma; tiempo después, en medio de una tormenta, volvió a ordenarse el silencio para no asustar a los caballos que tiraban de su carruaje. A partir de entonces, quedó inevitablemente fijada a un chasquido de la lengua (como el del urogallo en celo, a decir de los ornitólogos).[9]

Y aunque "a menudo, un ocasionamiento solo no alcanza para fijar el síntoma",[10] en este caso fue suficiente para instituir la representación mórbida. Como efecto del silencio autoimpuesto, lo que Freud llamaba "representación contrastante concomitante" (Emmy sabía que inevitablemente haría ruido) acabó dominando, y se manifestó como inervación de la lengua (síntoma asociado al recuerdo del trauma).

Lo sustantivo en relación al carácter retórico de la borradura es que cuando la señora Emmy von N. fue cuestionada sobre la causa de este chasquido, respondió escueta: "No lo sé".[11] Freud anotó que acaso esa respuesta fuera cierta, sin descartar que Emmy estuviera evadiendo el displacer ligado a lo acontecido. Ese ocasionamiento primero sólo pudo ser averiguado mediante hipnosis, de manera que la paciente no disponía conscientemente de la explicación que Freud solicitaba. De ser

---

[9] Véase: Freud, S., "Sobre el mecanismo psíquico de fenómenos histéricos" (1893), en: *op. cit.*, t. III, p. 33.

[10] *Ibid.*, p. 34.

[11] Recuérdese lo que Lacan dijo en un contexto por completo ajeno a éste: se trata de "ese no sé qué del que un chasquido de lengua es la prueba última y que introduce en la enseñanza una exigencia inédita: la de lo inarticulado". Lacan, Jacques, "Situación del psicoanálisis y formación del psicoanalista en 1956" (1956), en: *Escritos* [1966], vol. 1, México, Siglo XXI, 1999, p. 445.

así, en la respuesta no habría cálculo posible, lo que autorizaría a utilizar el incidente como ejemplo de lo reprimido.

Freud y Breuer postularon que en casos similares al aquí expuesto, las "vivencias están completamente ausentes de la memoria de los enfermos en su estado psíquico habitual".[12] Así, por ser una suerte de supresión completa, lo reprimido constituiría una variedad retórica del silencio asimilable a la borradura cuyo valor psíquico sólo sería ponderado a cabalidad si el vacío que cercena el flujo discursivo fuera convenientemente desencriptado.

Puede suponerse que "los pacientes siempre dicen la verdad cuando dicen que no tienen 'nada que decir', pero para encontrar esa 'nada que decir' hace falta hablar".[13] No obstante, para distinguir un silencio causado por represión de otro que sería un callar intencionado, en ocasiones el analista puede preguntar: "¿No hay *nada que decir*, o *no hay que decir nada*?".[14] Dicho de otro modo: "¿Nada acude a su cabeza, o decide censurar lo ya evocado?

---

[12] Freud, S., "Sobre el mecanismo psíquico de fenómenos histéricos" (1893), en: *op. cit.*, t. III, p. 36.

[13] Zolty, Lilian, "El psicoanalista a la escucha del silencio", en: Nasio, Juan David (ed.), *El silencio en psicoanálisis,* Buenos Aires, Amorrortu, 1999, p. 194. A propósito de lo que el sujeto no recuerda, el analista podría verse tentado a proponer una construcción, esa suerte de mapa tentativo que pretendería guiar en el descampado (lo que degradaría la dirección de la cura a nivel de sugestión psicoterapéutica). La obvia desventaja de cualquier mapa es que encorseta lo visible, pretendiendo orientar cuando en realidad extravía. La borradura sólo debe instar al esfuerzo por reconstruir lo que en el discurso del analizante se echa en falta.

[14] Notas personales del seminario de Néstor Braunstein, "¿Técnica del psicoanálisis?", impartido de septiembre de 1996 a agosto de 1998 en el

La distinción entre un silencio consciente y otro, cuya motivación fuera inconsciente, la establece Freud de manera clara: "el enfermo, por motivos todavía no superados de la timidez y la vergüenza (o la discreción, cuando entran en cuenta otras personas), se guarda consciente y deliberadamente una parte de lo que le es bien conocido y debería contar; esta sería la contribución de la insinceridad consciente".[15]

Nótese que la timidez, la discreción y la vergüenza sofrenan la palabra que no es enunciada a voluntad. Muy otra es la situación donde "una parte de su saber anamnésico, del cual el enfermo dispone en otras oportunidades, no le acude durante el relato, sin que él se proponga guardársela: es la contribución de la insinceridad inconsciente".[16]

Así, la insinceridad consciente correspondería en lo psicoanalítico a la supresión (*Unterdrückt*) y, en lo retórico, a la supresión parcial; la insinceridad inconsciente se denominaría en lo clínico represión (*Verdrängung*) y, en términos retóricos, supresión completa.

Podría pensarse que si no hay una intención consciente en el mecanismo represor, tampoco podría haber cálculo al responder sobre las razones que lo motivan, aun siendo éstas

---

Centro de Investigaciones y Estudios Psicoanalíticos (CIEP).

[15] Freud, S., "Fragmento de análisis de un caso de histeria" (1905[1901]), en: *op. cit.*, t. VII, p. 17. Freud consigna que el esfuerzo por vencer la insinceridad consciente de sus analizantes fue causa en más de una ocasión de que éstos prefirieran "acudir a otro médico menos celoso en la averiguación de su vida sexual". Freud, S., "Conferencias de introducción al psicoanálisis" (1916-1917 [1915-16]), "24ª conferencia. El estado neurótico común", en: *op. cit.*, t. XVI, p. 352.

[16] *Idem.*

susceptibles de esclarecimiento. Y es que, postula Freud, "el proceso de la represión [...] se cumple mudo; no recibimos noticia alguna de él, nos vemos precisados a inferirlo de los procesos subsiguientes".[17] Desde el punto de vista retórico, la borradura acontece de modo abrupto, inesperado; y es a partir de sus trazas que puede averiguarse de qué va lo ahí sigilado.[18]

En lo antedicho están en juego la memoria y –tácitamente– el olvido, "esa universal borradura de las impresiones, ese empalidecimiento de los recuerdos".[19] Mas, honrando lo que Freud mismo demostrara, es insostenible homologar borradura y olvido por cuanto éste designa lo que –lejos de ser borrado– se subraya con más fuerza. En efecto, lo aparentemente olvidado es lo que en el recuerdo (inasimilable, indigerible) permanece más vivo. Es por su virulencia que el recuerdo permanece sustraído a la conciencia (no "olvidado", sino elidido), conservando su eficacia.

En un trabajo muy posterior, Freud establecería la relación entre la compulsión a la repetición y el olvido: en ocasiones el analizante "no *recuerda*, en general, nada de lo olvidado y

---

17   Freud, S., "Puntualizaciones psicoanalíticas sobre un caso de paranoia (*Dementia paranoides*) descrito autobiográficamente" (1911[1910]), en: *op. cit.*, t. XII, p. 66.

18   Hacia 1909 Freud distinguía "dos tipos de represión": la sobrevenida en la histeria y la propia de la neurosis obsesiva. No fue sino 17 años después cuando propuso que el término "represión" se reservara para la histeria. Véase: Freud, S., "Inhibición, síntoma y angustia" (1926), en: *op. cit.*, t. XIV, p. 139.

19   Freud, S., "Estudios sobre la histeria" (1893-1895), en: *op. cit.*, t. II, p. 35. Nótese que Freud utiliza el término "borradura", cuyas implicaciones retóricas aquí se exploran.

reprimido, sino que lo *actúa*. No lo reproduce como recuerdo, sino como acción; lo *repite*, sin saber, desde luego, que lo hace".[20] De esta manera, si lo que no se recuerda se actúa, la escenificación misma representa, muda, lo que pretende olvidarse.

Nótese la inconsistencia de Freud en este punto de su argumento. ¿Cómo podría actuarse algo que no se recuerda? Muy por el contrario: la acción *es* el recuerdo mismo, lo rememorado deviene acto. La escenificación no es sino memoria transmutada. Sólo aceptando que la repetición sustituye a un recuerdo, se entiende que el analizado "repite todo cuanto desde las fuentes de su reprimido ya se ha abierto paso hasta su ser manifiesto".[21] Así, lo reprimido se asocia menos al olvido que a una anamnesis silente. Lacan no deja espacio para duda alguna: "la amnesia de la represión es una de las formas más vivas de la memoria".[22] Freud mismo da las razones que apuntalan este párrafo: "Sucede, con particular frecuencia, que se 'recuerde' algo que nunca pudo ser 'olvidado'".[23]

En otros momentos de su obra, Freud vincula represión y resistencia. En *La interpretación de los sueños* relata el momento en que las asociaciones de una paciente no alcanzaban para interpretar un sueño: "La insto a que me diga más. Después de una breve pausa, justamente como cuadra al vencimiento

[20] Freud, S., "Recordar, repetir y reelaborar" (1914), en: *op. cit.*, t. XII, p. 152.

[21] *Ibid.*, p. 153.

[22] Lacan, J., "Función y campo de la palabra y del lenguaje en psicoanálisis" (1953), en: *op. cit.*, p. 251.

[23] Freud, S., "Recordar, repetir y reelaborar" (1914), en: *op. cit.*, t. XII, p. 151.

de una resistencia [...]".[24] Es decir, a un apremio del analista para que la palabra sea proferida, la respuesta inmediata es el silencio; el exhorto se topa entonces con un límite que revela un mecanismo específico: la represión. En casos como este, el silencio del analizante es revelador por ser efecto de una palabra en reserva.

De manera más enfática aún, Freud sentencia: "El proceso patógeno que la resistencia nos revela ha de recibir el nombre de *represión*",[25] aserto que en momentos aplicó para sí mismo. Por ejemplo, hacia 1905 habla de los yerros cometidos en la redacción de *La interpretación de los sueños*: "[...] donde aparece un error es que hay una represión {suplantación} oculta. Mejor dicho: hay una insinceridad, una desfiguración, que en definitiva se apoya sobre algo reprimido".[26] La razón es que Freud se vio obligado a desfigurar un detalle indiscreto en un intento por disimular lo que de cualquier forma podía ser rastreado.

Lo silenciado se averigua entonces por sus marcas (tal como sucede en la borradura), y la desfiguración onírica es

---

[24] Freud, S., "La interpretación de los sueños" (1900[1899]), en: *op. cit.*, t. IV, p. 166.

[25] Freud, S., "Conferencias de introducción al psicoanálisis" (1916-1917 [1915-16]), "19ª conferencia. Resistencia y represión", en: *op. cit.*, t. XVI, p. 269. Freud no hace sino repetir lo que ya había enunciado desde que decidió abandonar la hipnosis como técnica en el tratamiento de la histeria. De hecho, la resistencia (que a raíz de esta innovación técnica se hizo patente) lo condujo a la dilucidación del fenómeno de la represión. Véase la nota introductoria de James Strachey en Freud, S., "La represión" (1915), en: *op. cit.*, t. XIV, p. 138.

[26] Freud, S., "Psicopatología de la vida cotidiana" (1901), en: *op. cit.*, t. VI, p. 213.

una de ellas pues vehicula la censura y evidencia lo censurado mismo. Esta deformación que los sueños acusan es una forma sutil de silencio que se manifiesta como disimulo: si velar es el propósito de toda disimulación, el fondo del asunto es la ocultación de lo que Freud llama "los pensamientos oníricos prohibidos"; y si tal secreto es el objetivo del trabajo onírico, se justifica decir que la desfiguración acalla la porción no permitida, "ilícita" –diríamos– del sueño.[27]

Partiendo que la práctica analítica abarca los espectros relativos a la puntuación, a la escritura y a la lectura misma –para hablar del otro polo de la relación analítica– el analista puede hacer de la borradura una herramienta técnica de intervención si detiene lo que en un momento dado estaba diciendo para enfatizar justamente lo que dejará sin decir.

Blanco

El blanco también es una metábola de la clase de los metaplasmos, producida asimismo por supresión completa que "consiste en dejar sobre la línea, 'como si faltaran palabras', un espacio vacío que simboliza un silencio que, al no estar marcado por algún signo de puntuación (que sería lo usual), adquiere un 'valor psicológico'".[28]

En el registro sonoro y luego de un callar abrupto, la imaginación del analista (según los fines aquí perseguidos) o la fantasmatización del analizante otorgan la aparente libertad

---

[27]   Véase: Freud, S., "La interpretación de los sueños" (1900[1899]), en: *op. cit.*, t. IV, p. 160 y t. V, p. 654.

[28]   Beristáin, H., *op. cit.*, p. 83.

de suponer lo que se echa en falta.[29] En este caso no hay puntos suspensivos (rastros gráficos de la borradura) sino, llana y simplemente, un vacío. Oralmente –se colige– ninguna inflexión en la voz haría presentir el blanco, hueco abrupto y total.

Así como la borradura puede asimilarse a la represión propiamente dicha, el blanco puede homologarse a otra forma de la represión, radical y absoluta, insusceptible –ésta sí– de rememoración o de elaboración discursiva alguna: la represión originaria (*Urverdrängung*). Es por ella que una gran cantidad de acontecimientos quedan relegados al silencio y al olvido. "Nadie pone en duda que las vivencias de nuestros primeros años infantiles dejan unas huellas imborrables en nuestra interioridad anímica, pero si inquirimos a nuestra memoria por aquellas impresiones que están destinadas a permanecer y ejercer su influjo hasta el término de nuestra vida, ella no nos ofrece nada".[30]

Existe otro silencio consustancial a la actividad onírica y que constituye el enigma inefable que Freud denominó "el ombligo del sueño"; éste no reconoce excepción: "Todo sueño

---

[29] El adjetivo "aparente" se apoya en el determinismo freudiano, según el cual lo que no está determinado desde la conciencia lo está desde lo inconsciente.

[30] Freud, S., "Sobre los recuerdos encubridores" (1899), en: *op. cit.*, t. III, p. 297. A diferencia de esta traducción, otra reza: "cuando preguntamos a nuestra memoria [...] permanece muda", lo que enfatiza el carácter de absoluto de ese silencio que es consustancial a la represión originaria. Freud, S., "Sobre los recuerdos encubridores" (1899), en: *Obras completas*, t. I. Trad. de Luis López-Ballesteros. Madrid, Biblioteca Nueva, 1973, p. 330.

tiene por lo menos un lugar en el cual es insondable, un ombligo por el que se conecta con lo no conocido".[31] Lo enigmático de este ónfalo es también misterio en la frase freudiana: lo "no conocido" –puede inferirse– es lo indecible, lo innombrable.

Hablando específicamente de los sueños de neuróticos, dice Freud que "no todos ellos son interpretables y a menudo no lo son hasta el final de su propósito oculto; un cierto poder psíquico [...] estorba que podamos interpretarlos hasta su último enigma".[32] Esta dificultad para el adecuado desciframiento de todo síntoma permite suponer un ombligo en toda formación de lo inconsciente.[33] Es así que "todo es, en definitiva, legible (por ilegible que parezca) pero también en sentido inverso, se puede decir que en el fondo de todo texto, por legible que haya sido en su concepción, hay, queda todavía, un resto de ilegibilidad".[34]

Lacan afirmaba que el ombligo del sueño designa la "región abisal con lo más desconocido, marca de una experiencia privilegiada excepcional donde un real es aprehendido más

---

[31] Freud, S., "La interpretación de los sueños" (1900[1899]), en: *Obras completas*, t. IV. Trad. de José L. Etcheverry. Buenos Aires, Amorrortu, 1986, p. 132.

[32] *Ibid.*, p. 281. ¿A quién se le atribuye aquí un propósito oculto? Propósito implica intención y –en este caso– de velar por algo secreto. La traducción aquí citada sugiere una especie de ontificación del inconsciente.

[33] Véase: Braunstein, Néstor, *El goce. Un concepto lacaniano* [2006], México, Siglo XXI, 2006, p. 28.

[34] Barthes, Roland, "Sobre la lectura" [1975], en: *El susurro del lenguaje. Más allá de la palabra y la escritura* [1984], Barcelona, Paidós, 1987, p. 41. El sueño es un ejemplo inobjetable del deseo del texto (que es del Otro).

allá de toda mediación, imaginaria o simbólica".[35] Más enfáticamente aún, llegaría a decir que ese agujero posibilita una relación verdadera con el "corazón del ser".[36] Quizá por eso este ónfalo no es sólo el punto en el que la interpretación toca a su fin, sino también "una exhortación al silencio".[37]

Hay también correspondencias con el blanco retórico en el vacío que el silencio del analista evoca. Es innegable que la palabra del analizante insta a una réplica pues "no hay palabra sin respuesta, incluso si no encuentra más que el silencio, con tal de que tenga un oyente".[38] Desde el punto de vista técnico, es necesario que el vacío inherente al silencio del analista haga las veces de contrapunto al vacío de quien lo interpela.[39] Ambos vacíos no son sino uno que apunta a la verdad que denuncia la falta en ser inherente a todo sujeto de lo inconsciente.

Ante el callar del alocutario, el locutor "vuelve entonces a recobrar la palabra pero vuelta sospechosa por no haber respondido sino a la derrota de su silencio, ante el eco percibido de su propia nada. Pero, ¿qué era pues ese llamado del sujeto

---

[35] Lacan, J., *El Seminario. Libro 2. El yo en la teoría de Freud y en la técnica psicoanalítica (1954-1955)*, Buenos Aires, Paidós, 1983, p. 265.

[36] Lacan, J., *El Seminario. Libro 3, Las psicosis (1955-1956)*, Buenos Aires, Paidós, 1993, pp. 371-372.

[37] Schneider, Monique, *"Père ne vois-tu pas...?"* [1969], París, Gallimard, 1969, p. 35. Villa, François-Daniel, "El mutismo del niño autista: ¿una promesa de silencio?", en: Nasio, J. D., (ed.), *op. cit.*, p. 182.

[38] Lacan, J., "Función y campo de la palabra y del lenguaje en psicoanálisis" (1953), en: *Escritos* [1966], vol. 1, p. 237.

[39] Véase: Braunstein, N., *op. cit.*, p. 293.

más allá del vacío de su decir? Llamado a la verdad en su principio".[40]

Nótense las implicaciones que en psicoanálisis tiene la referencia de Lacan sobre esa "nada" que al silencio del analizando quebranta. Dice Aulagnier que el analista es aquel de "quien se supone está en el límite de desear la nada".[41]

No se olvide que para explicitar lo que "nada" significa, griegos y latinos recurrieron de distinto modo. *Oudén* (*oudé en*), decían los griegos, esto es, "ni uno". Nosotros tomamos la expresión latina *nec-unus*, para decir "ninguno". Los romanos se valieron de las habas: el hilio (del latín *hilum*) que al separar la semilla de la vaina queda al descubierto, es el pequeñísimo pedúnculo que les representaba el *nec plus ultra* de lo diminuto; decir "no queda ni hilio" (*nec hilum, ni hilum*), deriva en que *nihil* signifique "nada". De ahí las voces "nihilista" y "aniquilar". En español sólo conservamos el adjetivo de la antigua expresión latina *res nata* ("cosa nacida"): la segunda palabra expresa nuestra "nada".[42]

Esa nada es entre otras cosas aquello por lo que un analizante paga en un análisis, pues "si el amor es dar lo que no se tiene, es bien cierto que el sujeto puede esperar que se le dé, puesto que el psicoanalista no tiene otra cosa que darle.

---

[40] Lacan, J., "Función y campo de la palabra y del lenguaje en psicoanálisis" (1953), en: *op. cit.*, p. 238.

[41] Aulagnier, Piera, *Un intérprete en busca de sentido* [1986], México, Siglo XXI, 1994, p. 136.

[42] Más aún, la "nadita" tan común en el habla mexicana, es en portugués "*nadinha*"; "*niente*" ("ni ente") para los italianos. En inglés es también clara la expresión: "*nothing*", "no cosa". Coen, Arrigo, *Para saber lo que se dice* [1986], México, Domés, 1986, pp. 22-23.

Pero incluso esa nada, no se la da, y más vale así: y por esa nada se la pagan, y preferiblemente de manera generosa, para mostrar bien que de otra manera no tendría mucho valor".[43] Lo que recuerda aquella parábola de Chuang-Tzu donde "el emperador ha perdido su perla preciosa y envía para buscarla la *acción*, la *palabra* y el *pensamiento*, sin obtener resultado alguno. Entonces [no] envió nada a buscarla y se maravilló de que [la] *nada* hubiese podido encontrarla".[44]

Es así que tiene sentido decir que el analista encarna un semblante que confronta con la nada. Su silencio es ausencia de palabra pero también el anuncio de su posibilidad, pues el callar es el correlato de lo dicho. Silenciándose, el analista hace que su palabra acceda a un espacio virtual, entendiendo virtual en dos sentidos: como espacio de lo implícito y de lo tácito, y como virtud (del callar para producir efectos). Es por eso que entre el silencio y el callar del analista media una palabra en la que el silencio de la que ésta adviene funge como su traza; de ahí obtiene el callar su fuerza: de aquel silencio primero que subyace al decir que el callar mismo elide.

La disciplina retórica sugiere que el contexto prefigura las interpretaciones posibles de un silencio; mas, en estricto, pareciera que el blanco genera significado(s) en ausencia de cierto(s) significante(s); aunque también en presencia de otro(s) si se toma en cuenta que las palabras explícitamente enunciadas

---

43   Lacan, J., "La dirección de la cura y los principios de su poder" (1958), en: *Escritos* [1966], vol. 2, México, Siglo XXI, 1999, p. 598.

44   Panikkar, Raimon, *El silencio del Buddha* [1996], Madrid, Siruela, 1996, p. 366.

inmediatamente antes y después del vacío permiten inferir un sentido determinado.[45]

En una de las novelas de Guillermo Cabrera Infante, ejemplifica Beristáin, hay tres páginas en blanco con "algunas revelaciones" sobre un difunto.[46] El significante "revelaciones" cobra un relieve extraordinario cuando son páginas ágrafas las que le sirven de soporte, puesto que revelar es poner de manifiesto algo hasta entonces *secreto*.

En este orden de ideas, toda positividad sugiere una negatividad que hace las veces de su trasfondo (siendo el viceversa no menos cierto). De tal modo que lo dicho *secreta* (evacúa, exuda, drena) lo silenciado. Recuérdese "lo que insinúa la historia de la palabra (*secretus*, de *secernere*, separar, segregar), un *discernimiento* (que tiene la misma etimología), esa operación que realizan el lector o el crítico cuando descubren o producen un *secreto*, una secreción del texto".[47]

---

[45] En la situación analítica, el analizante –por razones inherentes al discurso– busca injertar coherencia en aquello que el analista busca *no* determinar. Para decirlo de otra manera, la labor del analista es la de instar al discernimiento, a la separación que elucide costados diacríticos (eso es el psicoanálisis). El analizante intentará un nuevo ensamble a partir de lo despiezado; al final le sobrarán o le faltarán piezas, poco importa (eso es la psicosíntesis).

[46] Cabrera Infante, Guillermo, *Tres tristes tigres* [1964], Barcelona, Seix Barral, 1979, pp. 261-263. Aunque esta estrategia meta-ficcional (me aclara pertinentemente Néstor Braunstein) sólo emula lo que en su momento hiciera Laurence Sterne. Véase: Sterne, Laurence, *The Life and Opinions of Tristram Shandy, Gentleman* [1760-1767], Günter Jürgensmeier, 2005.

[47] Block de Behar, Lisa, *Una retórica del silencio* [1984], Buenos Aires, Siglo XXI, 1994, p. 191.

De acuerdo a lo antedicho, múltiples secreciones tienen lugar en el transcurso de una sesión analítica. Por ejemplo, la relativa al vencimiento de las resistencias (que sólo son del analista, a decir de Lacan). Si el silencio es una interpretación que no se articula y sin embargo opera (o, más claro, que por no articularse, opera), habrá que dejar "que se libere cada vez más ampliamente en lo abierto lo que pide ser dicho"[48] (lo inconsciente). En efecto: como la pulsión, el inconsciente insiste en ser dicho. Para tal propósito se requiere de una hermeneusis, de una *Deutung* ("interpretación") que descifre lo que se insinúa desfigurado en diversas formaciones de compromiso. En otras palabras: eso que pide ser dicho está cubierto por la resistencia, término que "define el nódulo patógeno como aquello que se busca, pero que el discurso rechaza, que el discurso huye. La resistencia es esa inflexión que adquiere el discurso cuando se aproxima a este nódulo".[49]

Así, la cuestión de la resistencia implica varios silencios: en primer lugar, aquel silencio que bajo el imperio de la resistencia, pide ser transpuesto, dicho. Este silencio se ramifica: el sujeto callará en la medida en que se aproxime a esa nuez patógena que determina las elisiones en su decir. Freud "llega incluso a escribir que la resistencia es inversamente proporcional a la distancia que nos separa del nódulo reprimido [...] la resistencia que encontramos es tanto mayor cuanto más se aproxima el

---

[48] Heidegger, Martín, *De camino al habla* [1959], Barcelona, Odós, 1987, p. 112.

[49] Lacan, J., *El Seminario. Libro 1. Los escritos técnicos de Freud (1953-1954)*, Buenos Aires, Paidós, 1992, p. 64.

sujeto a un discurso que sería el último y el bueno, pero que rechaza de plano".[50]

Para Lacan, la palabra tiene básicamente dos facetas: la de *expresión* (que busca "engancharse al otro") y la de *revelación*, fundamento del psicoanálisis. Cuando la palabra destinada a ser revelación es sofrenada, se produce la resistencia y el decir se reduce entonces a su faceta meramente expresiva: "El advenimiento inconcluso de la palabra, en la medida en que algo puede quizá volverla fundamentalmente imposible, es el punto pivote donde la palabra, en el análisis, fluye por entero hacia su primera vertiente y se reduce a su función de relación con el otro. Si la palabra funciona entonces como mediación es porque no ha culminado como revelación".[51]

Confrontado a la resistencia, el analizante no accede a la revelación y su decir acusa un *minus*: "Era eso lo que le interesaba, era eso lo que estaba a punto de decir, pero por no haberlo dicho, a renglón seguido en su conexión con su interlocutor sólo quedaron desechos, pedazos desprendimientos de esta palabra".[52] Así, en la discontinuidad de su discurso, el sujeto del inconsciente urde la trama de su verdad a fuerza de silencios. La verdad se deja cercar sólo por palabras desmembradas.

Para la revelación de esa verdad, el analista puede valerse del blanco operando en su técnica el llamado "medio decir", variante lacaniana de una fórmula expresada por Baltasar Gracián a mediados del siglo XVII:

---

[50] *Ibid.*, p. 42.

[51] *Ibid.*, p. 83.

[52] *Ibid.*, p. 81.

— *Las verdades que más nos importan, vienen siempre a medio decir.*

— *Así es; pero recíbanse del advertido a todo entender.*[53]

Parafraseando lo dicho por Gracián, Lacan afirmaba que la verdad no puede decirse toda, precisamente por ser lo que no podría decirse sino a condición de no presionar mucho, de hacerlo a *medio-decir*: "[...] *toute la vérité, c'est ce qui ne peut pas se dire. C'est ce qui ne peut se dire qu'à condition de ne la pas pousser jusqu'au bout, de ne faire que la mi-dire*".[54] En otras palabras : "Yo digo siempre la verdad: no toda, porque de decirla toda, no somos capaces. Decirla toda es materialmente imposible: faltan las palabras. Precisamente por este imposible, la verdad aspira a lo real". [55]

Lo anterior emparenta verdad y misterio. El discurso vi de *Agudeza y arte de ingenio* alaba la verdad que en el misterio se oculta: "quien dice misterio, dice preñez, verdad escondida y recóndita, y toda noticia que cuesta, es más estimada y gustosa".[56] Así, un misterio puede expresarse con agudeza mediante lo tácito. Gracián, "al sustentar la agudeza en lo sutil, garantizaba los valores de lo no declarado ni expreso, de lo oculto y digno de ser desentrañado por operaciones del

---

[53] Gracián, Baltasar, *El discreto* [1646], *El criticón* [1651/1653/1657], *El Héroe* [1637], México, Porrúa, 1986, p. 21.

[54] Lacan, J., *Le Séminaire.Livre 20. Encore (1972-1973)*, Paris, Seuil, 1975, p. 118.

[55] Lacan, J., *Televisión* [1973], en: *Radiofonía & Televisión*, Barcelona, Anagrama, 1980, p. 83.

[56] Gracián, B., *Agudeza y arte de ingenio* [1642], México, unam, 1996, p. 69.

entendimiento [de modo tal que] el elogio gracianesco de la suspensión y la dubitación casa bien con la ponderación del silencio y el empeño por deslumbrar con la expectación y el misterio".[57]

Para abundar en lo relativo al medio-decir, que Lacan capitalizó en su lectura de Gracián, recuérdese lo que afirmaba el jesuita:

— *Dicen que al buen entendedor, pocas palabras.*
— *Yo diría que a pocas palabras, buen entendedor, y no sólo a palabras, al semblante, que es la puerta del alma, sobrescrito del corazón; aun le ve apuntar al mismo callar, que tal vez exprime más para un entendido, que una prolijidad para un necio.*[58]

Aparece aquí la palabra "semblante" que puede leerse sin dificultad en clave psicoanalítica. Por otro lado, si en cualesquiera de los *Escritos* o de los seminarios de Lacan se leyera el parlamento destacado arriba, difícilmente cuestionaríamos su autoría.

Calembur

El calembur es asimismo una metábola de la clase de los metaplasmos pero –a diferencia del blanco y de la borradura

---

[57] Egido, Aurora, *La rosa del silencio* [1996], Madrid, Alianza, 1996, pp. 44 y 46.

[58] Gracián, B., *El discreto* [1646], *El criticón* [1651/1653/1657], *El Héroe* [1637], *op.cit.*, p. 21.

que acontecen por supresión completa– este caso sucede por supresión-adición (sustitución) parcial.

Esta figura retórica tiene lugar cuando "dos frases se asemejen por el sonido y difieran por el sentido",[59] hecho común en la práctica psicoanalítica. Beristáin evoca un cuarteto de Xavier Villaurrutia como ejemplo:

Y mi voz que madura
Y mi voz quemadura
Y mi bosque madura
Y mi voz quema dura

Se tienen aquí cuatro secuencias fónicas y el mismo número de distribuciones sígnicas (totalmente distintas entre sí). La oralidad hace equívoca la frontera entre los significantes que, al ser confrontados con sus posibles versiones gráficas, remiten a significados diversos. Técnicamente, hay una discrepancia en el nivel distribucionalista sintagmático.

Supóngase que, en un contexto clínico, lo dicho por el analizante fuera el primer verso y que el analista interviene para "hacerle decir" cualesquier de los siguientes, injertando blancos –según el verso elegido– en la frase dicha y escuchada de un hilo. Si en lo dicho no hubo pausa alguna entre una y otra palabra, ¿quién podría asegurar que lo que el analizante dijo es lo que hubiera querido decir; o que lo que el analista escuchó se ciñe a lo que quiso o pudo escuchar? ¿Qué son los blancos si no silencios que modificarán sustancialmente el sentido de la frase, según el punto de su inserción?

---

[59] Beristáin, H., *op. cit.*, p. 86.

Es claro que lo gráficamente silente no corresponde con necesariedad a los silencios que la escucha inserta. Obsérvese: Al *ver* los cuatro versos, se distinguen con claridad cuatro silencios en el primero y el cuarto; tres, en el segundo y en el tercero. Pero al *escuchar* los versos, todo cambia: si optáramos por un silencio enfático para cada verso, suponiéndolo la solución para evitar ambigüedades, veríamos que éstas persisten en los tres primeros versos; en el primero y el segundo, el silencio aquí llamado enfático estaría después de la tercera palabra: "voz". No sería fácil la distinción entre "quema dura" y "quemadura". En el tercer verso, el silencio se desplaza una sílaba a la derecha, después de "bosque" ("gráficamente" sigue estando después de la tercera palabra). Es en el cuarto verso donde se hacen necesarios dos silencios flanqueando la palabra "quema".

En una situación hipotética con fines ilustrativos, ¿cuál de los versos escogería el analista para hacer su intervención? ¿En qué medida dependería esta elección de las trazas discursivas del analizante y en qué medida del imaginario del analista? ¿Importa la opción elegida –que eventualmente sería más acertada que otra–, o en cualquier caso se provocaría en el paciente un nuevo rizo asociativo que a fin de cuentas sería igual de provechoso? ¿Qué grado de arbitrariedad hay en la incrustación de los blancos que hace el analista? ¿O debe hablarse de apuesta en lugar de arbitrariedad? ¿Qué hay de una apuesta infortunada o mal calculada? ¿No está ligada la hermeneusis –y sus efectos– a la situación transferencial en la medida en que lo dicho por el analista (aunque yerre) es creído a pie juntillas por el analizante que acepta así una construcción? ¿O es que con su intervención el analista inocula –por equívoca– la duda en el paciente?

Por otra parte, hacerle decir al paciente lo que, en apariencia, no quiso decir (con el simple desplazamiento de un blanco en la frase), ¿está contraindicado, o es labor del analista hacerle ver que *a su pesar* dijo algo más de lo que pretendía?

Cualquiera de las posibilidades que Villaurrutia plasma en cuatro versos dependerá del destinatario a quien se dirige lo dicho. Si el analista (originalmente receptor) "cita" al analizante introduciendo cierto blanco en lo escuchado, el proceso se invierte y es el analizante el destinatario de su propio dicho (que quedará detrás de su decir en lo que él mismo pueda escuchar), recibiendo "del receptor su propio mensaje bajo una forma invertida".[60]

Cuestiónese ahora todo lo dicho sobre el calembur en este inciso: según lo argumentado, lo que del analista estaría en juego –si su función fuera escoger una enunciación entre cuatro posibles– sería su saber y no su ignorancia; del analizante habría una voluntad en el decir y no una enunciación incalculada. La escansión del analista (en este ejemplo, de versos se trata) no es arbitraria, puesto que su atención flotante la comanda. ¿Qué sería *errar* en la escucha? ¿Promover un blanco donde no lo hay? Pero si el analizante no calcula su decir, ¿quién puede determinar si en su proferición rige tal o cual puntuación? La *a*-puesta del analista, por el lugar que éste ocupa y por el azar que su intervención implica, proviene del cálculo al que

---

[60] Lacan, J., "El seminario sobre *La carta robada*" (1955/56/57), en: *Escritos* [1966], vol.1, p. 35.

su neutralidad lo obliga. El analizante *habla a su pesar*: a su pesar *le* habla y, por ello, *Eso* habla.[61]

El 21 de junio de 1972 Lacan enunciaba una fórmula esclarecedora: *"Que se diga, como hecho, queda olvidado tras lo dicho, en lo que se escucha.* [...] Lo dicho no está en ninguna otra parte que en lo que se escucha".[62]

En una alocución de 1972 que se ha dado en llamar "El Atolondradicho", Lacan alude a lo que ese mismo año estaba trabajando en su seminario anual (el decimonoveno), y sugiere que el dicho es determinado por la escucha a la que se dirige; que es el receptor quien tiene la última palabra ante lo –presuntamente dicho– por el emisor. Una posible traducción de sus palabras reza: "Que se diga queda olvidado tras lo que se dice en lo que se oye".[63]

Entre el entender y el escuchar se juega la razón ética del silencio del analista. La voz francesa *entendre* designa tanto

---

[61] Un equivalente en lengua francesa sería el siguiente: *"Où dure, Eve d'efforts sa langue irrite (erreur!) / Ou du rêve des forts alanguis rit (terreur!)"*. Citado en: Grupo μ, *op. cit.*, p. 107.

[62] Lacan, J., *El Seminario. Libro 19. ...o peor (1971-1972)*, Buenos Aires, Paidós, 2012, pp. 217 y 225.

[63] Lacan, J., "El Atolondradicho" (1972), en: *Otros escritos* [2001], Buenos Aires, Paidós, 2012, p. 473. Nótese que los traductores prefieren el verbo "oír", y no "escuchar". Agréguese que el 19 de diciembre de 1972, ya en su vigésimo seminario, Lacan afirma: "Que se diga queda olvidado tras lo que se dice en lo que se escucha". Lacan, J., *El Seminario. Libro 20. Aún (1972-1973)*, Buenos Aires, Paidós, 1975, p. 24. Diana Rabinovich, traductora en la edición castellana y asesora de quienes tradujeron *Otros escritos*, opta esta vez por el verbo "escuchar", como si en castellano éste fuera sinónimo de "oír". Por último, se ha propuesto, con toda razón, que la correcta traducción de "L'etourdit" sería "El Aturdicho".

"oír" como "entender". Pero entre entender y escuchar hay una cisura: porque se puede escuchar sin entender o –escuchando entrelíneas lo que no ha sido dicho– entender sin escuchar. Peor aún, si al oír se diera por sentado el comprender, pretendiendo saber el sentido de lo escuchado; porque "saber siempre es, en algún aspecto, creer saber".[64] A fin de cuentas, lo único seguro es que lo dicho (¿por Lacan?) se determina *en* la lectura hecha por quienes creemos oír, entender o escuchar de acuerdo a la particularísima competencia enciclopédica de cada uno.

Lacan insistió a lo largo de su enseñanza sobre este punto: "Que es más allá del discurso donde se acomoda nuestra acción de escuchar, lo sé mejor que nadie, si bien tomo en ello el camino de oír, y no de auscultar. [...] El entendimiento no me obliga a comprender".[65] De comprender –ya se sabe– hay que cuidarse,[66] pues "vale más no comprender para pensar".[67] Más enfáticamente aún, en el tercero de sus seminarios sentenciaba: "Comiencen por creer que no comprenden. Partan de la idea del malentendido fundamental. [...] incluso si comprenden, no comprenden".[68]

Ahora bien: "Habla y oír se fundan en el comprender. Éste no nace ni del mucho hablar, ni del afanoso andar oyendo.

---

[64] Lacan, J., *El Seminario. Libro 2. El yo en la teoría de Freud y en la técnica psicoanalítica (1954-1955)*, p. 68.

[65] Lacan, J., "La dirección de la cura y los principios de su poder" (1958), en: *Escritos* [1966], vol. 2, p. 596.

[66] Véase: Lacan, J., "Situación del psicoanálisis y formación del psicoanalista en 1956" (1956), en: *op. cit.*, p. 453.

[67] Lacan, J., "La dirección de la cura y los principios de su poder" (1958), en: *op. cit.*, p. 595.

[68] Lacan, J., *El Seminario. Libro 3, Las psicosis (1955-1956)*, pp. 35 y 75.

Sólo quien ya comprende puede 'estar pendiente'".[69] Para una adecuación a lo psicoanalítico, esta fórmula debe matizarse: cualquier tentativa de comprensión del lado del analista debería estar proscrita; mas, en todo caso, no es la comprensión sino el entendimiento el que depende de su "estar pendiente". "Quien calla en el hablar [...] puede 'dar a entender', es decir, forjar la comprensión mucho mejor que aquel a quien no le faltan palabras. El decir muchas cosas sobre algo no garantiza lo más mínimo que se haga avanzar la comprensión. Al contrario, la verbosa prolijidad encubre lo comprendido, dándole la seudoclaridad, es decir, la incomprensibilidad de la trivialidad".[70] Es así que al callarse, la interpretación del analista pende sobre todo lo que escucha para que el analizante asimismo escuche su propio decir. Es por eso que "la *silenciosidad* es un modo de habla [...] de él procede el genuino 'poder oír'".[71] El calembur, por diseminar infinitos significados posibles, sirve para ejemplificar cómo toda invitación a esa comprensibilidad de la que habla Heidegger debe ser declinada por el analista.

Y es que de la escucha (del silencio solícito, diligente, acucioso),[72] el psicoanálisis ha hecho una de sus más importantes herramientas técnicas, porque hay "un tiempo de palabra y un tiempo de escucha, sin los cuales no habría tiempo para comprender ni tiempo para concluir".[73] Insístase

---

[69]   Heidegger, Martin, *El ser y el tiempo* [1927], México, FCE, 1971, p. 183.

[70]   *Idem.*

[71]   *Ibid.*, p. 184.

[72]   Acucioso: "Movido de un gran deseo". Alonso, Martín, *Diccionario del español moderno* [1960], Madrid, Aguilar, 1982, p. 24.

[73]   Aulagnier, P., *op. cit.*, p. 128.

en que la noción de comprender mueve a sospecha porque aun cuando para Heidegger "el habla es la articulación de la comprensibilidad",[74] del lado del analista esto es inaplicable; en lo que al habla del analizante se refiere, ésta no articula su comprensibilidad sino que eventualmente la produce como efecto, pues si lo que el sujeto dice supusiera ya la comprensión de lo dicho, el sentido de lo que ya comprende sólo sufriría una transposición a la palabra. Dicho de otro modo, porque en psicoanálisis no siempre se sabe lo que se dice, es que el decir puede acusar comprensibilidad sólo en un efecto retroactivo.

Aliteración

Metábola de la clase de los metaplasmos que acontece cuando los sonidos de distintas palabras próximas se repiten. Esta figura de dicción se produce por adición y vincula palabras con identidad sonora parcial.[75]

Una particular forma de aliteración (junto al redoble, la insistencia, la paronomasia, la derivación y la similicadencia) es el "juego de palabras", tan frecuente en psicoanálisis.

Sucede en ocasiones que frases absurdas pueden remitirse sin obstáculo, por su equivocidad, a una significación –he aquí la paradoja– inequívoca. Júzguese el siguiente diálogo.

— *Doctor, no sé si mi esposa es esmeril o yo imponente. El caso es que no tenemos condescendencia. Un doctor nos*

---

[74] Heidegger, M., *op. cit.*, p. 179.
[75] Véase: Beristáin, H., *op. cit.*, p. 37.

dijo antes que ella tiene la vajilla rota y la emperatriz subida, y además la operaron de la basílica balear (no sabemos si eso tiene algo que ver). Hace tiempo le nació el féretro muerto porque tuvo un alboroto. Fuimos con otro doctor muy caro (con decirle que en la consulta tenía dos teles conectadas a una antena paranoica). Le hicieron una coreografía y el doctor no vio nada raro. Nos recomendó hacer el cogito a diario, y andábamos diario haciéndonos los rengos, pero nada. Yo lo que creo es que mi mujer es frigorífica porque nunca llega al orégano, pero un compadre me dijo que puede que ella sea liviana. ¿O será que todavía le hacen efecto los anticorrosivos que tomaba para no quedar embalsamada?

— *¿Tienen ustedes vida marítima?*— responde el médico, —*porque me parece que usted lo que tiene es un problema de especulación atroz*—.[76]

El psicoanálisis distingue el enunciado de la enunciación en lo relativo a un sujeto, siendo radicalmente distinto *lo que se dice* al *desde dónde se dice* (esto es, la otra escena de lo inconsciente). Una diferencia análoga puede esgrimirse entre *lo que se dice* y *desde dónde se escucha lo dicho* (una especie de enunciación inversa porque la escucha, al oír lo que quiere o puede, deviene la fuente de lo enunciado).

---

[76] Una versión reducida es citada en: Grupo μ, *op. cit.*, p. 112. Este grupo considera que la paronomasia se da aquí por supresión-adjunción de fonemas. Con infinitas variantes, circula este chiste en la red. Presento aquí una versión libre, tan legítima como cualquier otra.

Si alguien dice, por ejemplo, "¡cómo quisiera estar en el cuarto contiguo!" y el destinatario escucha "¡cómo quisiera estar en el cuarto contigo!", es claro que lo dicho queda olvidado detrás de lo que podría llamarse *escucha enunciativa* porque el verdadero mensaje con el que opera el destinatario *es* el que le supone al enunciante (que, para todos los efectos, no es sino el destinatario mismo). Como si quien originalmente produjo la frase fuera sometido a un *silencio semiótico* que lo disuelve como actante, imperando el goce *idiota* de quien escucha (y se habla, y se responde, y...).

Los célebres *Poemínimos* de Efraín Huerta operan con el mismo recurso:

IMPOSIBILIDAD
Por ahora
no puedo ir
a San Miguel
de Allende

No tengo
ni para
el
paisaje.

***

CON PASIÓN
Y así
le dije

con desolada
y cristiana
bondad:
desnúdate
que yo
te
ayudaré.[77]

Así, una parcial igualdad fónica produce una tensión significante que mueve a risa (y ya se sabe de la relación que guarda el chiste con lo inconsciente).

En el caso de unidades complejas o compuestas (la expresión *cejijunto y cariacontecido*, por ejemplo), el juego de palabras puede alcanzar sutilezas en el nivel de los morfemas lexicales (es el caso del sintagma *cabistivo y pensibajo*).[78] Esta es una muestra notable de esos "fenómenos de orden metaplástico [donde] se puede observar una supresión-adjunción del sufijo".

En todos los ejemplos precedentes se observa que entre los *significantes emitidos* y los *significantes concebidos*[79] tiene lugar lo que aquí se sugiere denominar *escucha enunciativa*. "Si 'el pan nuestro que nadie fía' remite necesariamente al 'pan nuestro de cada día', no es menos cierto que también se impone la relativa adecuación de los significados de 'nadie' y

---

[77] Huerta, Efraín, *Poesía completa*, México, FCE, 1988, pp. 350 y 497.

[78] Pérez Galdós, Benito, *Realidad* [1890], Madrid, Imprenta de la Guirnalda (jornada 4, escena VII), en: *Biblioteca Virtual Miguel de Cervantes*. www.cervantesvirtual.com/obra-visor-din/realidad-novela-en-cinco-jornadas--0/html/ff484da0-82b1-11df-acc7-002185ce6064_3.html#I_5_

[79] Véase: Grupo μ, *op. cit.*, p. 112.

'fía'".[80] "Nadie te fiará el pan" es el mensaje que esta aliteración vehicula subrepticiamente. Es decir, de manera disimulada, discreta, solapada (en estricto, reptando).

Es de particular interés que en la opinión de un traductor de Lacan, ahí donde hay "juego de palabras [sea] donde se manifiesta cierta tiranía del significante".[81] "La tiranía en juego", podría decirse.

Paronomasia

Es ésta también una metábola de la clase de los metaplasmos producida por la adición reiterada de fonemas que, en diversas palabras o frases, puede derivar en una homonimia o en una equivocidad parcial, permitiendo asociar ciertos sentidos a determinados sonidos.[82]

Hay retruécanos donde la paronomasia se da *in absentia* cuando de una semejanza entre significantes detonan significados dispares.[83] El diálogo de dos hombres –extraños entre sí–, parados frente al mar, puede servir de ejemplo:

— *Qué, ¿usted no nada nada?*
— *Lo que pasa es que no traje traje.*

---

[80]   *Idem.*

[81]   Segovia, Tomás, "Psicoanálisis: entre la literalidad y la paranomasia" [1981], en: Braunstein, N. (ed.), *El lenguaje y el inconsciente freudiano*, México, Siglo XXI, 1988, p. 298.

[82]   Véase: Beristáin, H., *op. cit.*, p. 385.

[83]   Grupo μ, *op. cit.*, p. 114.

Para el traductor de los *Escritos* de Lacan al castellano, en las paronomasias "no hay traducción posible".[84] Esta aseveración puede ser ejemplificada con los célebres "versos holorrimos, citados por Charles Cros o inventados por Alphonse Allais: '*Où, dure, Eve d'efforts sa langue irrite (erreur!) / Ou du rêve des forts alanguis rit (terreur!)*'".[85]

El traductor de la *Retórica general* (Juan Victorio), exiguo propone:

¡Ven Gabino, ven, Gabino!
¡Venga vino, venga vino![86]

Si "la meta de cualquier traducción es alcanzar el punto de intraducibilidad",[87] Juan Victorio lo ratifica: dado que los autores a los que traduce "piensan en francés, ejemplifican en francés y citan, se comprende, en francés [...] la solución más plausible [en el caso de los ejemplos] es la de aportarlos en español".[88] Elige "triunfracasar"[89] en la *lengua blanco* sin abrevar de la *lengua fuente*.[90] Como si el traductor al

---

[84] Segovia, T., "Psicoanálisis: entre la literalidad y la paranomasia" [1981], en: Braunstein, N. (ed.), *op. cit.*, p. 299.

[85] Grupo μ, *op. cit.*, p. 107.

[86] *Idem.*

[87] Braunstein, N., "La traducción de lo intraducible en psicoanálisis", en: *Traducir el psicoanálisis. Interpretación, sentido y transferencia*, México, Paradiso editores, 2012, p. 30.

[88] "Nota del traductor", en: Grupo μ, *op. cit.*, p. 11.

[89] Braunstein, N., *op. cit.*, p. 32.

[90] Para ahondar en esta distinción propuesta por Jean-René Ladmiral, evocada y sometida a un minucioso análisis, véase: *Ibid.*, pp. 37-53. Eco evoca otra

que se le hubiera encargado verter *El ingenioso hidalgo Don Quijote de la Mancha* al valenciano, se presentara al cabo con *Tirant lo Blanc* bajo el brazo.[91] Se conseguiría así, no que "el original sea infiel a la traducción",[92] sino que el editor, luego de una lectura acuciosa, dictaminara: en efecto, "la copia es auténtica".[93]

---

distinción posible entre "texto de salida" y "texto de llegada" o "texto meta". Eco, Umberto, *Decir casi lo mismo. Experiencias de traducción* [2003], México, Lumen, 2008, p. 23.

[91] Martorell, Joanot y de Galba, Martí Joan, *Tirant lo Blanc* [1460-1490], Madrid, Alianza, 1984.

[92] Según la ironía de Borges, citado en: Braunstein, N., *op. cit.*, p. 53.

[93] Véase: Eco, U., "Ecología 1984 y la Coca-Cola hecha carne" (1977), en: *La estrategia de la ilusión* [1973/1977/1983], Barcelona, Lumen, 1986, p. 80. Con lo que se comprobaría cierta la hipótesis de que "una traducción puede regresar sobre el original, corregirlo y enriquecerlo". Braunstein, N., *op. cit.*, p. 26. En efecto, *Tirante el Blanco* es la novela de caballería que *no* enloqueció al Quijote por ser libro "de entendimiento sin perjuicio de tercero" (de Cervantes Saavedra, Miguel, *El ingenioso hidalgo Don Quijote de la Mancha* [1605], Madrid, Alianza, 1984, p. 54). Para Cervantes se trata del "mejor libro del mundo" y para Vargas Llosa es la novela que por su realidad total es "la más actual entre las clásicas", por lo que "todas las definiciones le convienen pero ninguna le basta"; su autor es "el primero de esa estirpe de suplantadores de Dios –Fielding, Balzac, Dickens, Flaubert, Tolstoi, Joyce, Faulkner–". (Véase: "Carta de batalla por *Tirant lo Blanc*", obertura de la edición recién citada). Por todo ello, *Tirant lo Blanc* no merece (en estricta lógica meta-ficcional *no podría*) ser quemada en el capítulo vi de la primera parte, pues es la obra que, para fundar su discursividad, Cervantes elige como precursora. (¿Se deberá a eso que el de Lepanto afirme: "...yo, que, aunque parezco padre, soy padrastro de don Quijote..."?). *Tirant lo Blanc* es el mejor libro de la biblioteca de Alonso Quijano (y del mundo); los avatares que ahí se narran son efecto y causa de la obra que según los especialistas funda la novela moderna.

Para abundar en ejemplos: una mujer describe lo ingenioso que le parece un hombre que la pretende.

> — *Le dije que era un grosero.*
> Me contestó:
> — *Tiene usted razón. No sé si nací en Bulgaria o en los Países Bajos. Pasa que usted despierta mis altísimas bajezas.*

Este es el caso de una "expresión compleja que presenta particularidades articulatorias vecinas".[94] Desde el punto de vista retórico también se trata de un "juego de palabras" pero distinto al de la aliteración porque no se trata de una correspondencia fónica sino de una sustitución entre significantes *cuasi homonímica*.

Asistimos a un breve relato donde la acción narrada (*no sé si nací en...*) y la acción de narrar, establecen niveles metadiegéticos que revelan –como sucede siempre pero de manera enfática en casos como éste– la posición subjetiva del enunciante. El sujeto de la enunciación se revela mediante el humor, la homonimia, la alusión, la metáfora, la derivación metonímica, el oxímoron, y una serie de estrategias retóricas que se hacen presentes en una alocución brevísima. El personaje en cuestión se presenta en un nivel extradiegético (como diciendo "mi forma de ser tiene una causa ajena a mí, está determinada geográficamente, incluso por razones de orden gentilicio") y al mismo tiempo está más que implicado en su insinuación sexual (nivel intradiegético); además, es

---

[94] Grupo μ, *op. cit.*, p. 113.

el protagonista de la historia que narra en primera persona (espectro autodiegético) y se disculpa sólo para al fin decir lo que no puede dejar de decir. Se trata de una verdadera construcción en abismo puesta en acto... de habla.[95]

Por todo lo anterior, es difícil concordar con la aseveración de que la paronomasia "no remite a nada", cuando quien lo asevera evoca en otro momento la definición de metáfora que debemos a Rimbaud: eso que "dice lo que dice 'literalmente y en todos los sentidos'".[96] En efecto: que, entre metáfora y paronomasia haya una distancia terminológica, no impide homologar las derivaciones respectivas, pues la paronimia no remite a nada *a excepción de cuando remite a todo.*

Valórese el dicho de un hombre que evocaba con orgullo la sonrisa que había logrado arrancarle a una mujer deseada de quien sólo había obtenido indiferencia: "Vi el color de su blusa y le solté: *Usted de azul y yo a(zs)u-lado...*". Como se ve, las semejanzas fónicas de las unidades léxicas implicadas, sólo por intentar un equivalente escrito de la frase verbalizada ya topan con una seria dificultad, que advendría imposibilidad si se abandonara el ámbito castellano.

De tal suerte que las paronomasias ciñen un espectro al interior de la lengua en la que acontecen (como lo muestran los ejemplos aducidos) por lo que siempre remiten a algo, incluso específico. Pero si se intentara diseminar su significación, sería precisamente por su carácter de intraducible que se

---

[95] Véase: Beristáin, H., *op. cit.*, p. 148.

[96] Segovia, T., "Psicoanálisis: entre la literalidad y la paranomasia" [1981], en: Braunstein, N., (ed.), *El lenguaje y el inconsciente freudiano*, pp. 296 y 300.

desplegarían al infinito las posibilidades semánticas para llegar a decir algo radicalmente *otro* (ni equivalente ni análogo), para total frustración del traductor –ese "metafísico trasnochado" – creyente de "que el sentido, a pesar de todo, sin duda deformado y disminuido, aunque sea en parte, de cualquier modo pasa".[97]

Silencios que afectan a la sintaxis de la expresión (metataxas)

La voz metataxa remite a las posibles formas de construir un sintagma o una frase según el acento semántico que pretenda obtenerse, en el entendido de que cada modalidad de construcción sintáctica representa un desvío en relación al resto de combinatorias factibles.

Elipsis

Este silencio retórico afecta, no a la morfología de la expresión sino a su sintaxis. Como la borradura, el blanco y el calembur, la elipsis es una metábola pero de la clase de las metataxas (no de las metábolas). En la elipsis tiene lugar una supresión completa, aunque (y es esta su distinción principal) el sentido de lo obliterado puede rastrearse en las significaciones que traslucen –por así decir– en el *contexto supresor* (de lo que se infiere que la supresión es completa en lo relativo a la forma pero parcial en lo atinente al fondo).

---

[97]   *Ibid.*, p. 272.

Así, es esta una "figura de construcción que se produce al omitir expresiones que la gramática y la lógica exigen pero de las que es posible prescindir para captar el sentido".[98] Dicho de otra manera: en una elipsis *la información se conserva a pesar de* lo incompleto de la forma".[99]

En el contexto analítico, en ocasiones el analizante, según su particularísima manera de fantasmatizar lo que le es dirigido por el analista, es impelido a restituir el fragmento faltante de acuerdo al contexto en el que la elipsis tiene lugar. Esto es, la restitución discursiva de lo que falta "se funda en un alto grado de *redundancia* gramatical que permite sobreentender que hay omisión".[100]

Un ejemplo de esto lo encontramos en un diálogo que dos hermanas sostienen en *La Regenta*:

— *Estoy temblando, ¿a que no sabes por qué?* [...]
— *Si será por lo mismo que a mí me preocupa.*
— *¿Qué es?*
— *Si esa chica...*
— *Si aquella vergüenza...*
— *¡Eso!*[101]

---

[98] Beristáin, H., *op. cit.*, p. 162.

[99] Grupo μ, *op. cit.*, p. 131.

[100] Beristáin, H., *op. cit.*, p. 84. Véase asimismo la voz "Elipsis" en: Mounin, Georges, *Diccionario de lingüística*. Barcelona [1975], Labor, 1982, p. 66.

[101] Alas "Clarín", Leopoldo, *La Regenta* [1884-1885], Madrid, Castalia, 2001, pp. 216-217.

En ocasiones sucede que el analizante se ve impelido a interpretar las interjecciones del analista. Éstas, según diversas gramáticas castellanas, expresan una impresión repentina que encierra en realidad una oración elíptica. De tal manera que, por su significado (esto es, por el contexto que les da sentido), las interjecciones pueden expresar prácticamente todas las pasiones y los sentimientos: displicencia, amenaza, alegría, dolor, susto, asombro, espanto, sorpresa, horror, molestia, burla, enojo, desdén, pena, admiración, cansancio, repugnancia, indiferencia, incredulidad, ira, etcétera. "¡Ah!", por ejemplo, bien puede significar lo mismo sorpresa, que pena o admiración; "Mm..." puede querer decir incredulidad, ironía, duda, o que se comprende lo dicho. Asimismo, una exhalación del analista, voluntaria o involuntariamente enfatizada, podría evocar ya cansancio, ya fastidio.[102]

Lo elidido "no por ello deja de ser un discurso, aunque fuese tan poco discursivo como una interjección. Pues una interjección es del orden del lenguaje, y no del grito expresivo. Es una parte del discurso que no está por debajo de ninguna otra en cuanto a los efectos de sintaxis en tal o cual lengua determinada".[103] En la elipsis "pueden suprimirse los elementos sintácticos hasta el límite en que aún se conserve la inteligibilidad. [...] La imprecisión que existe en cuanto a los límites de esta figura se debe a que en latín era el término utilizado, en general, para

---

[102] Pueden incluirse aquí toda clase de ruidos involuntarios que están sujetos a interpretación: borborigmos, eructos, flatulencias y similares, que derivarán en las más variopintas conclusiones.

[103] Lacan, J., "La dirección de la cura y los principios de su poder" (1958), en: *Escritos* [1966], vol. 2, p. 597.

las figuras de la *detractio* o supresión de la palabra".[104] Es así como las interjecciones, que han llegado a ser definidas como *enunciados no desarrollados*, alcanzan rango de discurso para quien busca descifrarlas (toda interjección está al servicio del fantasma del interpretante).

Hay una elipsis propia del relato llamada *anisocronía*. Consiste en el "desfasamiento de la duración dada entre la temporalidad de la historia relatada y la temporalidad del discurso que da cuenta de ella".[105] En este contexto, pueden darse tres posibilidades: si las duraciones de la historia y del proceso discursivo son iguales, se trata de una *escena* (Genette);[106] hay aquí una ilusión mimética que el lector de la narración voluntariamente acepta. Si la historia dura menos que el discurso, se trata del *resumen* (catálisis, para Barthes).[107] Y si la historia dura más que el discurso que da cuenta de ella, se trata de lo que Genette llama *pausa*, pudiendo ésta ser suspensoria (donde la narración queda pendiente) o

---

[104] Beristáin, H., *op. cit.*, p. 163. Recuérdese que "el procedimiento de supresión (*detractio*) era una de las 'categorías modificativas' introducidas en la retórica por Quintiliano" (*Ibid.,* p.475). Véase: Quintiliano, Marco Fabio, *Instituciones Oratorias* [s.I d.C.], (traducidas al castellano y anotadas según la edición de Rollin), Madrid, Imprenta de la Administración del Real Arbitrio de Beneficencia, 1799, USA, 2014. (Edición facsimilar). *op.cit.*.

[105] Beristáin, H., *op. cit.*, p. 62.

[106] Genette, Gérard, *Figuras III* [1972], Barcelona, Lumen, 1989.

[107] Véase: Barthes, R., "Introduction à l'analyse structurale des récits", en: *Communications*, núm. 8, 1966. (*Análisis estructural del relato*, México, Premiá, 1984, pp. 7-38).

desacelerante/dilatoria (donde la narración no se suspende pero su transcurso se hace más lento).[108]

En psicoanálisis, es con estos desajustes entre el tiempo de la historia y el tiempo de la narración que el analista tiene que vérselas. Las dificultades que en ocasiones el decir del analizante encuentra en su enunciación, pueden llevar su relato al límite de la inteligibilidad. Las pausas (suspensorias o dilatorias) revelarían que en su decir rige una operación consciente, un cálculo que, manifestado como elipsis, incide en su discurso.

Ahora bien, acontece una verdadera elipsis "cuando hallamos que se suprime el tiempo de la historia mientras sigue transcurriendo el del discurso [omitiéndose] las acciones culminantes en los momentos de clímax de los relatos para que el lector o espectador los imagine".[109]

Dicho de otro modo, entre el inicio y el final de una historia, transcurre la duración de la misma; esto es obvio. Pero entre el inicio y el final del *relato* de la historia, transcurre la duración y la extensión del discurso. Hay aquí, entonces, dos tiempos implicados: el de la historia y el del discurso que de ella da cuenta. Entre ambas temporalidades no hay una correspondencia exacta sino un desfasaje, un desajuste. Tiene lugar la elipsis cuando, discurriendo la narración, queda en suspenso el tiempo de la historia (aunque ésta será inferible a partir de lo omitido).[110]

---

[108] Genette, G., *op. cit.*

[109] Beristáin, H., *op. cit.*, p. 63.

[110] Nótese por último que, desde cierta perspectiva y por referir a un espectro extralingüístico, el silencio mismo *es* "el equivalente metalógico de la

Anacoluto

Esta modalidad retórica emerge como una "ruptura en el discurso [...] debido a la irrupción violenta de los pensamientos en el emisor".[111] Mounin la define como una "figura mediante la cual parece que se abandona una construcción ya iniciada y se continúa con otra".[112]

Cuando un analista enuncia la llamada regla fundamental a un analizante ("la única obligación que tiene es la de decir lo que pase por su cabeza evitando cualquier clase de censura"), invita a descuidar los flujos sintácticos de un discurso habitualmente considerado correcto. Si el analizante se adhiere a esta norma, dirá lo que viene a su pensamiento entrecortando abruptamente lo que estaba diciendo en favor de lo que irrumpa.

El analista invita al anacoluto porque es de la inconsecuencia del discurso que se extraerá el mejor material analítico. *Non sequitur* es la consigna: que las conclusiones no se deriven de las premisas; pero lo esencial no está, desde el punto de vista lógico, en la conclusión equivocada, sino en el acierto que emerge en la ruptura misma del discurso. Así, lo elidido será insustancial en relación a lo que, inopinadamente, pide ser dicho.[113]

---

elipsis". Grupo μ, *op. cit.*, p. 216.

[111] Beristáin, H., *op. cit.*, p. 46.

[112] Mounin, G., *op. cit.*, p. 14.

[113] Es este un silencio (el ligado a lo omitido) favorable al proceso analítico, muy distinto a la supresión deliberada que infringe la regla fundamental (reticencia).

El anacoluto, igual que el solecismo, viola el uso sintáctico por lo que es considerado una corrupción idiomática (evidente en los barbarismos, aunque éstos alteran la forma de las unidades –"él cabió", por ejemplo– y no la sintaxis).

La retórica antigua distinguía entre *soloecismus* (vicio por incuria o ignorancia) y *schemata* (licencias poéticas). Juan Casas Rigall ha hecho notar que, en el *Grammaticale compendium* [1490] de Daniel Sisón, se dice que el barbarismo es excusable gracias a las figuras de metaplasmo, mientras el solecismo lo es por el *schema*. Así, los *vitia* gramaticales –anacoluto, solecismo, barbarismo– "se manifiestan *in communi sermone* o *in prosa oratione* pero no *in poemate*, pues los poetas se pueden permitir estos usos como licencias, por necesidades métricas o expresivas [...] lo cual explica que incluso para la ilustración de los *vitia* se recurra a versos de Virgilio y otros *auctores*, en cuya obra los defectos de gramática no son tales".[114]

¿Por qué razones serían excusables solecismo y barbarismo? "Por costumbre, por autoridad, por elegancia o por cercanía a una cualidad elocutiva", puntualiza Casas Rigall.[115] Por lo demás, deben distinguirse *schema dianoeas* (materia del rétor) y *schema lexeos* (campo del gramático).

---

[114] Casas Rigall, Juan, *"Vitia*, metaplasmos y *Schemata* retóricos en el *Grammaticale Compendium* [1490] de Daniel Sisón", *Revista de poética medieval*, núm. 5, Universidad de Alcalá de Henares, 2000, pp. 47-70. En: *Biblioteca Digital Universidad de Alcalá*. http://dspace.uah.es/dspace/bitstream/handle/10017/4340/Vitia%2c%20Metaplasmos%20y%20Schemata%20Retóricos%20en%20el%20Grammaticale%20Compendium.pdf?sequence=1

[115] *Ibid.*, p. 65.

De lo anterior se infiere que lo que menos interesa al analista es que el analizante evite ser agramático cuidando su sintaxis. Los efectos suasorios del discurso no deben preocuparle a quien consulta: por el sólo hecho de que algo venga a su cabeza, lo que irrumpe es importante y debe ser dicho (pues el analizante no *debe decir*, antes bien: *debe ser dicho*).[116]

Supóngase que un(a) analizante se debate entre dos posibles relaciones; en una, obtiene todo lo que podría desear de no ser por una actividad sexual espaciada e insatisfactoria; en la otra, hay pasión física pero más allá de la cama y sus orillas, nada.

— *Sigo sin poder decidir entre equis y zeta... no sé qué me impide decidir...*

— *¿No decidió al no decidir? Porque no decidir es ya decidir... por ambos(as)* —, dice el analista.

— *¡Sólo usted sabe de...!, ni zeta ni equis aceptarían... ése es el hecho que me cuesta...*

— *Ése es el lecho. ¿Cuál es el lecho que le cuesta?* — interrumpe el analista.

---

[116] Si lo que viene a la cabeza y al decir es "incorrecto", puede echarse mano de una estrategia retórica (la ironía) para explicitar que lo que se debería callar igual se dirá. Sirvan dos ejemplos: 1) Clea Saal escribió una novela titulada *Horsesh*t*, en cuya portada puede leerse: "*Parental advisory: The asterisk's use is restricted to the f*cking cover*" (Saal, Clea, *Horsesh*t*, EEUU, CreateSpace Independent Publishing Platform, 2015). 2) Cada vez que un analizante se aprestaba a decir algo que, según su suposición, podía ser reprobado por el analista, comenzaba diciendo: "Lo voy a decir sólo porque usted me lo preguntó, de otra manera me lo callaría". Evidentemente no había mediado pregunta alguna del analista sobre el tema a propósito del cual el analizante, ya cómodo, se descosía.

Es claro que de ambos lechos ese(a) analizante goza: en uno, por escasez y, en el otro, por lo contrario. Pero también padece por engañar a sus dos amantes. Ése es el hecho que le cuesta, y el analista se vale de la homofonía para recolocar los silencios del enunciado (*el hecho* deviene *lecho*) y así preguntar qué resulta –en términos de economía libidinal– más oneroso. Éste es un buen ejemplo... de una pésima intervención (por sugestiva, por contradecir la neutralidad).

Aún así, nótese en el caso referido que los silencios de quien consulta (sus vacilaciones, representadas por los puntos suspensivos) y los que el analista introduce puntuando el discurso que escucha, son *silencios efectivamente proferidos* y perfectamente entramados al espectro enunciativo: decir "el hecho" supone un blanco entre el artículo y el sustantivo; decir "el lecho" mantiene el blanco incluso en la misma posición pero sigiladamente ha tenido lugar una sustracción pues la "hache" –ya de por sí muda– ha sido en definitiva silenciada y sustituida. Esta transustanciación significante hace de este silencio específico tanto el elemento mínimo de la cadena provisto de sentido, como el elemento que dota a la cadena misma de sentido.

Y es precisamente en eso donde radica el yerro técnico porque una interpretación, si es psicoanalítica, no busca el sentido, no obstante ya implicado en lo que el analista escuchó,[117] y que por enunciarse en un instante determinado temporaliza –historiza– el alcance de su significancia. (Es la semántica lingüística la disciplina que puede dar cuenta de

---

[117] Véase: Lacan, J., "Más allá del principio de realidad", en: *Escritos* [1966], vol. 1, pp. 76-77.

esta dimensión semiótica.) Pero el sentido al que aquí se alude (nunca se enfatizará lo suficiente) debe permanecer del lado del analizante (es, de hecho, parte de su labor psicosintetizante); no del analista que está ahí propiciando la indeterminación de todo sentido posible para no ocluir lo que al analizante, y sólo a él, le corresponde desplegar.

Zeugma

Cuando se evita repetir una palabra o una frase cuyo sentido se intelige por lo inmediatamente antedicho, tiene lugar esta construcción retórica. Un ejemplo literario lo da Proust: *Les noms reprennent leur ancienne signification, les êtres leur ancien visage; nous notre âme d'alors* ("Las palabras recuperan su antigua significación, los seres su semblante antiguo; nosotros nuestra alma de entonces").[118] Así, el sobreentendido por vecindad con otro sintagma permite inferir lo silenciado a partir de cierta coordinación entre los enunciados. De ahí que esta figura sea una variante de la elipsis.

"Me da lo que no le pido; yo a él aunque no lo pida", dice una mujer. Se sobreentiende, por contigüidad, lo que no es explícito ("le doy") en la segunda parte de su dicho. Esta frase opera en el nivel sintáctico pero también en el semántico. En efecto, es sintácticamente compleja porque hay una no-equivalencia entre los dos miembros de la frase: "Me da lo que no le pido" debería coordinarse a "yo le doy lo que él me

---

[118] Grupo μ, *op. cit.*, pp. 130-131.

pide"; no es equivalente recibir lo que no se pidió a recibirlo aunque no se pida.

Pero la frase también es semánticamente compleja porque permite sobreentender que ella no recibe lo pedido y sí en cambio lo que no pidió, mientras él recibe de ella lo que, sin necesidad de pedirlo, llegará. Sólo en este sobreentendido de segundo grado, por así decir, se comprende a cabalidad la queja (puesto que, en un primer grado, la frase evidencia dos posiciones subjetivas equivalentes donde no hay razón para reclamo alguno: ambos reciben lo que no han pedido). Por lo que se infiere que, después de pedir lo que ella quiere o necesita, recibe lo que no quiere ni necesita; él, en cambio, recibe lo que quiere y necesita sin molestarse en pedirlo. Vía zeugma, la queja expresa así una sensación de asimetría, cuando no de franca injusticia.

Silencios que afectan al plano semántico de la expresión (metasememas)

"La *significación* de la *significación*"[119] es la característica que mejor designa a los metasememas. En específico, los define la sustitución de una significación que no sea la que habitualmente se liga a una palabra por otra. "En los metasememas, el desvío está entre un 'texto' y su 'contexto', y es solamente la consideración del sentido de los términos unidos la que permite concluir acerca de su incompatibilidad".[120]

---

[119] *Ibid.*, p. 155.

[120] *Ibid.*, p. 162.

Abusión o catacresis

Esta categoría remite a otro tipo de silencio inherente a la lengua misma, por cuanto se hace necesario un rodeo para designar algo que –en estricto– permanece innominado: hablamos del "cuello de la botella" o de un "brazo de mar" por carecer de una categoría específica que defina puntualmente aquello a lo que aludimos. "En la catacresis, la extensión de sentido se establece entre categorías sensibles radicalmente diferentes".[121] Quintiliano es por demás puntual: "a cosas que no tienen denominación propia, les acomoda el nombre que está más cercano a lo que se quiere decir. [Hay catacresis] cuando falta el nombre, y metáfora donde hubo otro".[122]

Este sentido traslaticio confiere a un vocablo un sentido no habitual. Lo interesante de este tropo es que el silencio deriva de lo no crismado, de aquello que, por carecer de un concepto que lo encorsete, obliga a una denominación indirecta que combina dos o más cosas que sí están designadas. "Mar" y "brazo" conceptualizan dos *categorías sensibles* que se articulan en la catacresis forzando un *sentido otro*. Es por una *combinación inducida*, para decirlo de algún modo, que la abusión o catacresis deviene creación léxica.

La abusión presupone un carácter extensivo (de un campo semántico a otro) y es por eso que no se la considera una figura de significación (al tropo no le preexiste una palabra

---

[121] *Ibid.*, p. 34. Mounin se apoya para esta definición en: Morier, Henri, *Dictionnaire de poétique et de la rhétórique* [1961], Paris, PUF, 1961.

[122] Quintiliano, Marco Fabio, *Sobre la formación del orador* [s. I d.C.], vol. 3, España, Universidad Pontificia de Salamanca, 1999, p. 257.

que sería la pertinente porque o no existe o es desconocida por el *hablente*).[123] En cualquier caso, aquello que por sí mismo no es nombrado sino a través de significantes originalmente concebidos para referir otra significación, permanece sigilado.

En una situación analítica, el esfuerzo por designar con la mayor precisión posible una sensación, una conjetura, un columbramiento deriva con frecuencia en lo que los lingüistas llaman "metonimia como solución económica ante la carencia léxica", esto es, la catacresis. De lo que más adolece todo analizante es de esa carencia léxica, porque para nombrar lo que se hubiera querido decir, toda la batería significante siempre es insuficiente.

Ligar espectros denotativos contiguos se denomina "catacresis por metonimia", una figura retórica con la que los psicoanalistas operan con frecuencia. Sirva un ejemplo: una mujer y su nueva pareja salen improvisadamente al campo. Ambos se permitieron no regresar al trabajo después de comer, por lo que visten ropa de oficina. Ella describe *los puños de la camisa* del novio ("algo sucios"), y *la falda de la montaña*. Dice también haber temido y deseado un encuentro sexual durante el paseo.

— *¿Por qué el temor?* — interviene el analista.
— *Por lo solitario del lugar. Aunque era lo ideal...*

---

[123] Debería, entonces, matizarse la definición de Morier porque la extensión de sentido sólo es posible entre categorías sensibles cuya diferencia *no podría* ser radical.

Las dos abusiones descritas habían sido enunciadas inmediatamente antes de mencionar el miedo. Si la condición previa a la catacresis (doble, en este caso) es la carencia léxica para nombrar algo,[124] alguna relación guardan estos antecedentes (las abusiones) con su consecuente (el temor); el sentido estructural del relato (paraje solitario, temor explicable) se altera por la catacresis que, acusando una de sus características más distintivas, introduce un desvío.

— *¿Qué llevaba usted puesto?*
— *Tacones, blusa, saco... falda.*
— *¿Qué otra razón se le ocurre para haber sentido miedo?*
— *Estaba sudando, no olía bien.*
— *¿Él?*
— *No. Yo. Quería dar una buena impresión.*

Si la catacresis se define por el deslizamiento de espectros existentes a un espectro nuevo, de ahí su marca de identidad con la metonimia, el elemento bisagra del relato es la objeción: "solitario... *aunque* era lo ideal". Lo que Lausberg llama "el debilitamiento de la fuerza expresiva"[125] denuncia que el eje de significación es entonces puños→falda→sucios.

En efecto, en las catacresis, "el objeto que no tenga nombre será designado por el nombre de un objeto que esté estrechamente relacionado con él; basta para ello con que el contexto suprima

---

[124] Véase: Lausberg, Heinrich, *Manual de retórica literaria. Fundamentos de una ciencia de la literatura* [1960], Madrid, Gredos, 1991, p. 67.
[125] *Idem.*

las posibilidades de confusión entre los dos objetos".[126] En el caso aquí referido, las dos abusiones pronunciadas por la analizante enlazaban denotaciones adyacentes. El temor, como desvío de un eje sintagmático consciente a otro de orden inconsciente, permitió anudar categorías sensibles ("puños de camisa", "falda de la montaña") cuya correspondencia aludía a lo, hasta entonces, innominado.

Sinécdoque

Relación entre dos términos donde uno funge como *continente* y otro hace las veces de *contenido*.

La *sinécdoque generalizante* expresa lo particular desde lo general: "es mucha la presión social para que me convierta en madre", dice una analizante; en realidad esa presión "social" se reduce a la presión que su propia madre ejerce para –por fin– ser abuela. En este caso la generalización silencia disimuladamente una especificidad ("madre sólo hay una... y me tocó a mí", podría decir con autoridad la paciente).

> — *¿Cuántos años tiene usted?*— pregunta el analista a un analizante.
> — *Calculo unos diez.*

Desconcierto. Quien así responde debe tener "setentaypocos". El analista preguntaba, obviamente, por su edad. Pero inquirir

---

[126] Le Guern, Michel, *La metáfora y la metonimia* [1972], Madrid, Cátedra, 1980, p. 102.

por "los años que tiene" insta al equívoco que el analizante toma al vuelo: calcula los años que cree tener *por delante*.

En este ejemplo clínico se ve bien que la *sinécdoque inductiva o particularizante* toma la parte por el todo: "Somos el tiempo que nos queda", dice José Manuel Caballero Bonald, donde se hace del tiempo la particularidad que representa a la vida que en él discurre.

Silencios que afectan al plano lógico de la expresión (metalogismos)

En todo metalogismo se "*impone* una falsificación ostensiva".[127] Esto es, la verdad entendida como adecuación no tiene lugar porque no hay correspondencia fiel entre lo descrito y su referente. En realidad, esta condición se cumple en cualquier hecho de lenguaje (jamás el signo designa aquello a lo que alude). Pero aquí se parte de un supuesto necesario: el de que hay expresiones cuya lógica no viola las leyes de la comunicación literal, cosa que el metalogismo sí hace.

Según la pragmática de Herbert Paul Grice, lo conversacional se rige por cuatro reglas: "de *cantidad*: procurar la información necesaria, ni más ni menos; de *calidad*: decir lo que se cree verdadero y lo que se puede probar; de *relación*: decir lo pertinente, lo que venga al caso; de *modalidad*: decirlo de modo ordenado, breve y claro.[128]

---

[127] Grupo μ, *op. cit.*, p. 213.

[128] Grice, Herbert Paul, "Lógica y conversación" [1975], en: Luis Valdés Villanueva (ed.), *La búsqueda del significado. Lecturas de filosofía del lenguaje* [1991], Madrid, Tecnos, 1991, pp. 512-530.

Se señalaba un supuesto necesario que no sobra explicitar: las reglas de cantidad (¿según quién?), calidad (¿qué hay de aquello que sin poder probarlo sigue siendo verdadero?), relación (¿quién juzga lo impertinente?), y modalidad (¿sólo lo ordenado, breve y claro no contradice las tres reglas anteriores?), admiten muchas objeciones como las aquí intercaladas. Sin embargo –otro supuesto– se entiende sin dificultad lo que Grice quiso decir si no hay empeño en incordiar. Pues bien, el conjunto de estas reglas redunda en una lógica que el metalogismo contradice.

Aunque en distinto grado, pareciera que en todo metalogismo se juega, no tanto "lo que se ha querido decir, sino lo que la verdad obligaría a decir".[129]

Reticencia o aposiopesis

Metábola de la clase de los metalogismos que "se realiza al omitir una expresión, lo que produce una ruptura del discurso que deja inacabada una frase que pierde, así, una parte de su sentido. Los puntos suspensivos sustituyen aquello que resulta embarazoso decir y que por eso se omite y se deja sobreentendido con cierta imprecisión".[130] Aun cuando la sintaxis se vea afectada, la reticencia "es figura de contenido más que de expresión"[131] (y es por eso que no se incluye en las metataxas).

---

[129] Grupo μ, *op. cit.*, p. 213.

[130] Véase: Beristáin, H., *op. cit.*, p. 420.

[131] Grupo μ, *op. cit.*, p. 129.

Aunque Beristáin recuerda que para algunos especialistas la reticencia es análoga a un "anacoluto consciente",[132] Mounin aclara que, en los casos del zeugma, de la elipsis y del anacoluto mismo, el sobreentendido puede deducirse del contexto que los alberga, cosa que no sucede en la reticencia donde "el enunciado se detiene bruscamente y queda evidentemente incompleto [ya sea porque el implicado] tenga plena conciencia de lo que falta expresar o porque no tenga la menor idea de ello".[133]

Un ejemplo que ilustra lo anterior (detención del discurso con plena conciencia de las razones implicadas) es el siguiente pasaje de Lacan: "El sueño está hecho para el reconocimiento... pero nuestra voz desfallece antes de concluir: del deseo. Porque el deseo [...] no se capta sino en la interpretación. [...] Porque, en fin, no es durmiendo como alguien se hace reconocer".[134]

Para comprender este ejemplo de reticencia en Lacan hace falta el contexto. ¿Por qué desmaya su voz en ese momento preciso? Jacques-Alain Miller ha diseccionado este pasaje sugiriendo que los puntos suspensivos indican una tribulación: "es el momento en que rechaza cinco o seis años de su elaboración sobre el deseo. Abandona simultáneamente la idea del reconocimiento del deseo y el deseo de reconocimiento. [...] La consecuencia es que el sujeto no tiene un deseo que pueda ser reconocido sino interpretado".[135] Esta reticencia tiene lugar

---

[132] Beristáin, H., *op. cit.*, p. 163.

[133] Mounin, G., *op. cit.*, p. 157.

[134] Lacan, J., "La dirección de la cura y los principios de su poder" (1958), en: *Escritos* [1966], vol. 2, pp. 603-604.

[135] Miller, Jacques-Alain, *Elucidación de Lacan. Charlas brasileñas* [1981-1995], Buenos Aires, Paidós, 1998, pp.108-109.

en 1958. Atrás quedaba, explica Miller, lo declarado en el llamado "Informe de Roma" (1953) y en el escrito sobre "El estadio del espejo" (1936), por lo que Lacan cuestionaba no uno, sino quizá cuatro lustros de su elaboración.

Ahora bien, cuando la reticencia acontece en la situación analítica y quien la ejerce es consciente de las causas hablamos de *supresión*. En este apartado, el término será empleado en su sentido retórico (*Detractio*). Más adelante, será trabajado en su sentido psicoanalítico (*Unterdrückung*).

Considerada desde la perspectiva retórica, la supresión constituiría una falta a la regla fundamental del análisis. "Es singular cuán a menudo los enfermos [...] pueden olvidar por completo el compromiso que acaban de contraer. Han prometido decir todo cuanto se les ocurra [...] sin seleccionarlo ni dejar que lo influyan la crítica o el afecto. Y bien; no mantienen su promesa, es algo superior a sus fuerzas".[136]

En, efecto, muchas veces los pacientes suprimen lo que acude a su pensamiento por muy variadas razones, contraviniendo la lógica del análisis al que por voluntad se someten. "Es raro tropezar con un enfermo que no intente reservar para sí algún ámbito a fin de defenderlo de la cura. Uno [...] calló así por semanas una íntima relación de amor, y cuando se le pidió cuentas por haber infringido la regla sagrada, se escudó en el argumento de que había creído que esa historia era asunto

---

[136] Freud, S., "Estudios sobre la histeria" (1893-1895), en: *op. cit.*, t. II, p. 285. Hay otra traducción más terminante: "[...] jamás cumplen esta promesa, que parece superior a sus fuerzas". Freud, S., "Estudios sobre la histeria" (1893-1895), en: *Obras completas*, t. I. Trad. de Luis López-Ballesteros. Madrid, Biblioteca Nueva, 1973, p. 152.

privado".[137] Mucha agua ha corrido debajo de los puentes metapsicológicos: hoy día no se habla de "enfermos", ni se los llama a cuentas (actitud más propia de un amo que de un psicoanalista). No obstante, es preciso enfatizar el carácter sagrado que Freud le confiere a la regla fundamental, por lo que no puede invocarse un "derecho de asilo"[138] que permitiera suprimir nada en una cura analítica.

A Freud le interesó sobremanera llevar un registro de sus experiencias con los pacientes en relación a la regla fundamental. Hacia 1913 consignaba: "En ocasiones uno se topa con personas que se comportan como si ellas mismas se hubieran impuesto esa regla. Otras pecan contra ella desde el comienzo mismo [...] para cada cual llega siempre el momento en que habrá de infringirla. [...] *'Pour faire une omelette il faut casser des oeufs'*".[139]

En el mismo escrito Freud alude a distintos tipos de silencio: el que en ocasiones el paciente solicita del médico sobre su tratamiento (este secreto es correlativo al que el enfermo ha guardado sobre su propia neurosis, dice Freud, y esta preferencia por el silencio es ya un dato importante en la historia del sujeto); el que emerge como resistencia en los inicios de la cura cuando el analizante asegura que no se le ocurre nada; y —recién comentado— el que será obstáculo a lo

---

[137] Freud, S., "Conferencias de introducción al psicoanálisis" (1916-1917 [1915-16]), "19ª conferencia. Resistencia y represión", en: *Obras completas*, t. XV. Trad. de José L. Etcheverry. Buenos Aires, Amorrortu, 1986, p. 264.

[138] *Idem.*

[139] Freud, S., "Sobre la iniciación del tratamiento" (1913), en: *op. cit.*, t. XII, p. 136.

largo del proceso analítico si el paciente, al escuchar la regla fundamental, se impusiera sin embargo no confesar esto o aquello.[140]

La obediencia a esta regla tiene un fundamento técnico asociado al silencio mismo: si el analizante trata, en efecto, de decir todo lo que le pasa por la cabeza (imperativo, como se sabe, tan inexcusable como imposible de cumplir), advendrán series asociativas que permiten observar lo siguiente: "Las ocurrencias que se siguen unas a otras se enlazan, por una parte, mediante una asociación que las recorre y se trasluce claramente"; pero lo más importante es centrar "la atención sobre un tema situado más en lo hondo, que se mantiene en secreto y participa simultáneamente de todas estas ocurrencias".[141]

Adviértase que lo sigilado es una sustancia que recorre transversalmente la serie de ocurrencias articuladas por el analizante. La asociación no es más que el entramado manifiesto al que subyace una hilada más fina, silente. De ahí que Lacan formule la regla fundamental en términos de "ley de no omisión".[142] Lo que lleva a ponderar si el silencio en la práctica psicoanalítica no toma su especificidad de la regla fundamental misma, por cuanto la tentativa de transgredirla o respetarla marca *lo no dicho* pero también *lo finalmente dicho* para los analizantes.

---

[140] *Ibid.*, pp. 137-139.

[141] Freud, S., "Sueño y telepatía" (1922), en: *op. cit.*, t. XVIII, p. 207.

[142] Lacan, J., "Más allá del principio de realidad" (1936), en: *Escritos* [1966], vol. 1, p. 75.

Planteado de otra manera, si algo es –en última instancia– dicho después de haber considerado silenciarlo, debe analizarse la tentativa de contravención; pero si algo es dicho sin más, igual debe cuestionarse la razón y necesidad de haber tenido que decir lo que por alguna razón no puede permanecer –sin forzamiento alguno– silenciado.[143]

El imperativo de la regla fundamental insta a ahondar el surco de la falta, a remarcar la escisión subjetiva de quien se pliega a su mandato puesto que lo imposible de omitir es la carencia inherente al intento (siempre fallido) de decirlo todo. Lo que no obsta para que la palabra conserve sus facultades curativas a pesar de que el deseo sea incompatible con la palabra.[144] Que el analista no satisfaga demanda alguna produce, entre otros efectos, que el analizante vuelva para convalidar su fracaso en el intento de la *decibilidad* absoluta. Al no satisfacer la demanda a él dirigida, el analista sólo la posterga hasta que el analizante se percate de lo implicado en su petición (y en su *re*-petición).

Lo que se calcula en el decir, lo que es "empujado hacia abajo" (*Unterdrückt*) es, en estricto, lo suprimido. "En todo ser humano hay deseos que no querría comunicar a otros, y deseos que no quiere confesarse a sí mismo", dice Freud.[145] Y tratándose de la situación analítica, tanto peor ("no conviene

---

[143] No se olvide que en este apartado sólo está considerándose el silencio como efecto de un decreto supresor.

[144] Véase: Lacan, J., "La dirección de la cura y los principios de su poder" (1958), en: *Escritos* [1966], vol. 2, p. 621.

[145] Freud, S., "La interpretación de los sueños" (1899[1900]), en: *op. cit.*, t. IV, p. 177.

decir tal cosa", "si hablo de esto me comprometería", "sé algo que el analista no querría escuchar", etcétera). Por cortesía se calla, por pudor (quedando por precisar qué sería cortés o descortés en una situación analítica). Acaso se teme una malinterpretación (con todas las dificultades que este término implica al pensarlo en el contexto analítico).

Pero lo suprimido no se interpreta; se interrogan las causas de que una asociación no se diga: ¿por qué el sujeto se siente desautorizado para decir algo? Se cuestiona el hecho de ocultar, no la verdad o la falsedad de lo que está en juego, porque el problema reside en el lugar desde donde resuelve que no lo va a decir (se alude aquí, de nuevo, al sujeto de la enunciación). Acaso el sujeto sucumbe al influjo de Scham, el demonio del Pudor, mencionado por Lacan.[146]

Hay aquí un esfuerzo de contención que puede metaforizarse en la imagen de un tiro con arco que se demora. La saeta es palabra a punto de salir... pero la cuerda permanece tensa unos segundos que se dilatan porque no se resuelve liberar una flecha ya amartillada.[147] De ahí que se diga: "hay más ser en el silencio tenso que en la emisión de un dicho".[148]

Uno de los ejemplos más claros de supresión lo proporciona el mismo Freud al reflexionar sobre los resortes del olvido,[149] texto que Marie-Claude Thomas comenta: "Freud calla cuando

---

[146] Lacan, J., "La significación del falo" (1958), en: *op. cit.*, p. 672.

[147] Thomas, Marie-Claude, "Las formas del silencio en el olvido de Signorelli", en: Nasio, J. D. (ed.), *op. cit.*, p. 86.

[148] *Ibid.*, p. 111.

[149] Freud, S., "Sobre el mecanismo psíquico de la desmemoria" (1898), en: *op. cit.*, t. III, pp. 277-289.

está a punto de evocar la sexualidad de los turcos, y después queda sin palabra en el momento de nombrar al autor de los frescos de Orvieto. Esos dos tiempos de un silencio inauguran una formación del inconsciente –el olvido de Signorelli–".[150] Nótese además que se trata de dos clases de silencio: Freud calla primero sobre la cuestión sexual turca (embrida sus palabras), pero después la palabra desfallece. El olvido, una de las formas en las que la muerte se inscribe, es, por tanto, otro semblante del silencio.

Sobre el mismo caso, Lacan razona que "es imposible no ver surgir del texto mismo e imponerse, no la metáfora, sino la realidad de la desaparición, de la supresión, de la *Unterdrückung*, el paso hacia abajo. El término *Signor, Herr*, pasa hacia abajo".[151] Sin embargo, en dos de sus escritos, Lacan había explicado el mismo episodio desde la perspectiva, no de la supresión, sino de la represión.[152] Acaso la razón de este abordaje dual sobre el mismo tema, sea la que Lacan explicita de manera escueta la clase del 3 de febrero de 1954 (una semana antes de pronunciar su "Introducción al comentario de Jean Hyppolite sobre la *Verneinung* de Freud"): en Freud, dice ahí, "lo reprimido no estaba tan reprimido".[153] Se entiende que eso que no estaba tan reprimido es lo suprimido.

---

[150]   Thomas, M.-C., "Las formas del silencio en el olvido de Signorelli", en: Nasio, J. D. (ed.), *op.cit.*, p. 81.

[151]   Lacan, J., *El Seminario. Libro 11. Los cuatro conceptos fundamentales del psicoanálisis (1964)*, Buenos Aires, Paidós, 1987, p. 35.

[152]   Lacan, J., "Introducción al comentario de Jean Hyppolite sobre la *Verneinung* de Freud" (1954), en: *Escritos* [1966], vol. 1, p. 363; Lacan, J., "El psicoanálisis y su enseñanza" (1957), en: *op. cit.*, p. 429.

[153]   Lacan, J., *El Seminario. Libro 1. Los escritos técnicos de Freud (1953-1954)*,

Es así como la pausa en el decir de quien consulta puede simbolizar entonces la cancelación de un proceso psíquico de asociación. En efecto, si en su discurso el neurótico "aísla una impresión o una actividad mediante una pausa, nos da a entender simbólicamente que no quiere dejar que los pensamientos referidos a ellas entren en contacto asociativo con otros".[154]

En el caso Katharina se relata: "Agotadas estas dos series de reminiscencias, guarda silencio...".[155] Es este un momento para comprender lo referido, para escuchar la resonancia de lo que Katharina dice y se dice. "Toma respiro", dice la traducción de Etcheverri, acentuando el necesario aliento que a una confesión difícil sigue.[156] Es este instante el que Freud aprovecha para ofrecer una construcción que es recibida con un asentimiento. Pero a la pregunta que éste formula después, ella responde de manera imprecisa: "sonríe turbada y como convicta y confesa, como uno que debe admitir que ahora se ha llegado (*kommen*) a la raíz de las cosas, sobre la cual ya no cabe decir mucho más".[157]

Adviértase, el silencio que en Katharina es pausa se convierte en un silencio distinto: el que sugiere la imposibilidad

---

p. 81.

[154] Freud, S., "Inhibición, síntoma y angustia" (1926[1925]), en: *op. cit.*, t. XX, p. 117.

[155] Freud, S., "Estudios sobre la histeria" (1893-1895), en: *Obras completas*, t. I. Trad. de Luis López-Ballesteros. Madrid, Biblioteca Nueva, 1973, p. 105. En esta edición Katharina es "Catalina".

[156] Freud, S., "Estudios sobre la histeria" (1893-95), en: *Obras completas*, t. II. Trad. de José L. Etcheverry. Buenos Aires, Amorrortu, 1986, p. 146.

[157] *Ibid.*, p. 147.

de decir algo más a lo dicho por el analista; en otras palabras, la construcción propuesta obtura sus reminiscencias a manera de un punto final: nada puede decirse que satisfaga mejor el sentido de lo relatado. Si el silencio de Katharina fuera ejemplo de lo que –como resistencia– delata lo reprimido, constituye un yerro técnico que Freud eligiera ese momento para ofrecer su construcción. Es probable que la paciente consintiera por deferencia pero lo que habría surgido tras ese silencio quedó para siempre obliterado.

En sus reflexiones sobre el fenómeno de la transferencia, Freud ilustra otros casos de supresión explicando que cuando en un paciente la asociación libre se ve denegada "en todos los casos es posible eliminar esa parálisis aseverándole que ahora él está bajo el imperio de una ocurrencia relativa a la persona del médico o a algo perteneciente a él. En el acto de impartir ese esclarecimiento, uno elimina la parálisis o muda la situación: las ocurrencias ya no se deniegan; en todo caso se las silencia".[158] Y en una nota al pie, aclara que se refiere a los casos donde las asociaciones son sigiladas "a consecuencia de un trivial sentimiento de displacer".[159]

En ocasiones, el ocultamiento de algo deviene patología.[160] En un momento dado, Freud habla de una "sintomatología muda".[161] De modo que un silenciamiento –ocultar algo–

---

[158] Freud, S., "Sobre la dinámica de la transferencia" (1912), en: *op. cit.*, t. XII, p. 99.

[159] *Idem.*

[160] Freud, S., "Fragmento de análisis de un caso de histeria" (1905[1901]), en: *op. cit.*, t. VII, p. 23.

[161] Freud, S., "Sobre la psicogénesis de un caso de homosexualidad femenina"

deviene síntoma mudo, que no es más que una estridencia esperando ser descifrada. La afonía periódica de Dora es un buen ejemplo de silencio sintomático.[162] Pues bien, es a lo aún oculto, a lo que permanece sigilado que apunta la técnica psicoanalítica. En el caso Dora, Freud habla de una conexión interna que emergería por la contigüidad de las asociaciones.[163]

La supresión se asocia también a algunos de los muchos significados posibles de la voz alemana *heimlich*. Esta palabra remite a lo familiar, así como a lo clandestino, lo oculto, lo escondido. En la versión de Etcheverry, se lee: "Hacer algo *heimlich*, o sea a espaldas de alguien; sustraer algo *heimlich* [...] obrar *heimlich*, como si uno tuviera algo que ocultar [...] pecado *heimlich*; [...] 'En el momento en que las cosas ya no pueden ventilarse en público comienzan las maquinaciones *heimlich*' [...] 'Mis traiciones *heimlich*' [...] 'Maquinar *Heimlichkeiten* a mis espaldas'".[164]

En la versión de Rosenthal se enfatizan aspectos aún más finos: "conducirse *heimlich* (misteriosamente) como si se tuviese algo que ocultar [...] lugares *heimliche* (que el recato obliga a ocultar) [...] lo que yo tengo de más *heimlich* y sagrado [...] que nada *heimlich* (secreto) hubiera entre nosotros [...] la *Heimlichkeit* (intriga) y maledicencia que se cometen a ocultas

---

(1920), en: *op. cit.*, t. XVIII, p. 157.

[162] Freud, S., "Fragmento de análisis de un caso de histeria" (1905[1901]), en: *op. cit.*, t. VII, p. 36.

[163] *Ibid.*, p. 35.

[164] Freud, S., "Lo ominoso" (1919), en: *op. cit.*, t. XVII, pp. 223-224.

[...] abejas que formáis la llave de las *Heimlichkeiten* (cera para sellar cartas secretas)".[165]

Esta serie de significados hacen converger el sentido de *heimlich* con el de *unheimlich*. Esto es relevante porque *heimlich* no es, por tanto, una palabra unívoca "sino que pertenece a dos grupos de representaciones que, sin ser precisamente antagónicas, están sin embargo muy alejadas entre sí: se trata de lo que es familiar, confortable, por un lado; y de lo oculto, disimulado, por el otro".[166]

En estricto, *Unheimlich* sólo se emplearía como antónimo de lo familiar y no como contrario de lo oculto. El significado que más alcance tiene para los efectos que aquí se persiguen es el que Freud atribuye a Schelling: "Se denomina *Unheimlich* todo lo que, debiendo permanecer secreto, oculto... no obstante, se ha manifestado".[167]

Así las cosas, *heimlich* y lo suprimido coincidirían en significado al designar lo que es reservado, secreto, sigilado, escondido, disimulado, oculto, clandestino: en suma, lo que por motivos diversos –pudor, malicia, vergüenza, decoro, etcétera– se silencia.

Freud también señala el carácter ominoso del silencio y se pregunta si éste proviene de la soledad o de la oscuridad, respondiendo que procede de "los factores con los cuales se

---

[165] Freud, S., "Lo siniestro" (1919), en: *Obras completas*, t. XVIII. Trad. de Ludovico Rosenthal. Buenos Aires, Santiago Rueda, 1954, p. 158.

[166] *Ibid.*, p. 159. En otros casos, *heimlich* designa lo "sustraído del conocimiento, inconsciente", significado que, en rigor, correspondería a la idea de represión.

[167] *Idem.*

vincula la angustia infantil, jamás extinguida totalmente en la mayoría de los seres".[168]

El *Diccionario de psicoanálisis* establece que el término *Unterdrückung* designa una operación de carácter consciente que acontece "a nivel de la 'segunda censura' que Freud sitúa entre el consciente y el preconsciente; se trataría de una expulsión fuera del campo de conciencia actual y no del paso de un sistema (preconsciente-consciente) a otro (inconsciente). [...] en la supresión desempeñan una función primordial las motivaciones morales".[169] Así, la supresión no puede confundirse con la represión desde una perspectiva tópica porque "en esta última, tanto la instancia represora (el yo) como la operación misma y su resultado son inconscientes".[170]

Recuérdese que en uno de sus escritos, Lacan cita: "*Eine Verdrängung ist etwas anderes als eine Verwerfung*", traduciéndolo así: "Una represión es otra cosa que un juicio que rechaza y escoge"; así distingue Freud la represión de la forclusión.[171] Para ilustrar lo recién dicho, arriesguemos un ejemplo tomado del caso de la señora Emmy von R.: "noto que en ocasiones tartamudea un poco, le pregunto de nuevo de dónde le viene el tartamudeo. No hay respuesta. —'*¿No lo sabe usted?*'. —'*No*'. —'*¿Y por qué no?*'. —'*¿Por qué? ¡Porque no lo tengo permitido!*'— [...] ella exterioriza el pedido de

---

[168]   *Ibid.*, p. 186.

[169]   Laplanche, J., y Pontalis, J.-B., *op. cit.*, p. 422.

[170]   *Idem.*

[171]   Lacan, J., "Respuesta al comentario de Jean Hyppolite sobre la *Verneinung* de Freud" (1954), en: *Escritos* [1966], vol. 1, p. 371.

ser despertada de la hipnosis, a lo cual yo condesciendo".[172] Freud explica que un día después comprendió la razón de este episodio: "le había provocado rabia el hecho de que yo diera por acabado su relato y la interrumpiera. [...] Tengo muchas otras pruebas de que ella, en su conciencia hipnótica, vigilaba mi trabajo".[173]

Hay aquí dos silencios implicados: el que la paciente exige de Freud mientras ella habla y el que por pudor ella se impone: "no lo tengo permitido", dice; ¿por quién? La vigilancia que ella ejerce sobre el trabajo del analista y el hecho de pedir ser despertada evidencian el carácter consciente de la operación que acaso tenga lugar en esa "segunda censura" arriba mencionada. En la epicrisis del caso, Freud parece confirmarlo: "tampoco en la hipnosis mentía nunca, pero a veces daba noticias incompletas, reservándose un fragmento del informe hasta que yo le arrancaba una segunda vez ese complemento".[174]

Este "arrancarle" al paciente algo que se reserva también se consigna en el caso de Anna O.: "rehusaba 'conversar' y yo debía arrancarle las palabras esforzándola, y con ruegos, y algunos artificios...".[175] En otro escrito, Freud se refiere al secreto que los adultos guardan sobre sus prácticas masturbatorias y la manera en que debe procederse: "Si el médico supiera que el enfermo ha luchado todo el tiempo con su hábito sexual, sabría

---

[172] Freud, S., "Estudios sobre la histeria" (1893-1895), en: *Obras completas*, t. II. Trad. de José L. Etcheverry. Buenos Aires, Amorrortu, 1986, p. 83.

[173] *Idem*. Véase la nota al pie # 21.

[174] *Ibid.*, p. 116.

[175] *Ibid.*, p. 55.

arrebatarle sus secreto [...] pues a la necesidad sexual [...] ya no es posible imponerle silencio".[176]

De esta manera, si el paciente no revelara lo que esconde y el médico se viera constreñido a averiguarlo, una vez que deduzca el contenido hasta entonces ocultado (creía entonces Freud) el médico está obligado a comunicarlo: "en lo esencial se trata de que yo colija el secreto y se lo diga en la cara al enfermo".[177] La palabra –no el silencio– del analista instaba a la confrontación con lo acallado.

El silencio fuerza, pues, a desraizar, extraer, arrancar el secreto que las enfermas –así llamadas en los historiales clínicos– guardan: "En el caso de la señora Elisabeth, desde el comienzo me pareció verosímil que fuera consciente de las razones de su padecer; que, por tanto, tuviera sólo un secreto y no un cuerpo extraño en la conciencia".[178] En otro punto del mismo historial, Freud enfatiza la emergencia del silencio por motivos de pudor que, desde la perspectiva del analizante, harían inconveniente, penoso o impertinente lo que se prefiere callar. Al hacer una presión sobre la frente pidiéndole que dijera lo que pasaba por su cabeza, ella aseguraba que nada se le ocurría pero Freud notaba que la tensión de su rostro la desmentía. Freud supuso entonces que a esta analizante

---

[176] Freud, S., "La sexualidad en la etiología de las neurosis" (1898), en: *op. cit.*, t. III, p. 268. "[...] pues la necesidad sexual [...] no se deja ya acallar", dice otra traducción. S. Freud, "La sexualidad en la etiología de las neurosis" (1898), en: *Obras completas*, t. I. Trad. de Luis López-Ballesteros. Madrid, Biblioteca Nueva, 1973, p. 324.

[177] Freud, S., "Estudios sobre la histeria" (1893-1895), en: *Obras completas*, t. II. Trad. de José L. Etcheverry. Buenos Aires, Amorrortu, 1986, p. 287.

[178] *Ibid.*, p. 154.

siempre le acudían asociaciones que decidía sofocar, y conjetura dos razones posibles: o sometía su ocurrencia a una crítica inclemente ("a la que no tenía derecho"); o le resultaba vergonzoso comunicarla. "A menudo sucedía que sólo tras la tercera presión me comunicara algo, pero luego ella misma agregaba: —*'Se lo habría podido decir la primera vez'*. —*'Ajá, ¿y por qué no lo dijo?'*. —*'Creí que no era lo pertinente'*—, o —*'Pensé que podía pasarlo por alto, pero eso volvió todas las veces'*—".[179]

En este pasaje llaman la atención dos cosas: el sofocamiento –sinónimo de represión en otros momentos–,[180] como mecanismo asequible a la voluntad, y que Freud escriba: "una crítica a la que no tenía derecho" (¿quién lo tendría entonces?).[181] Por otra parte –y este aspecto es sustancial en lo relativo al silencio que aquí se analiza–, es en este momento del caso que Freud menciona por vez primera el fenómeno clínico de la resistencia.[182]

---

[179] *Ibid.*, pp. 167-168. En este último punto, la versión de Biblioteca Nueva es más clara: "Porque me figuré que podía callarlo, pero luego ha vuelto a ocurrírseme...". Freud, S., "Estudios sobre la histeria" (1893-1895), en: *Obras completas*, t. I. Trad. de Luis López-Ballesteros. Madrid, Biblioteca Nueva, 1973, p. 120.

[180] Freud, S., "La interpretación de los sueños" (1899[1900]), en: *Obras completas*, t. IV. Trad. de José L. Etcheverry. Buenos Aires, Amorrortu, 1986, p. 247.

[181] Otra traducción propone: "[...] la sujeto ejercía sobre la ocurrencia una crítica indebida". Freud, S., "Estudios sobre la histeria" (1893-1895), en: *Obras completas*, t. I. Trad. de Luis López-Ballesteros. Madrid, Biblioteca Nueva, 1973, p. 119. ¿Según quién?, es la pregunta que se impone.

[182] Freud, S., "Estudios sobre la histeria" (1893-1895), en: *Obras completas*, t. II. Trad. de José L. Etcheverry. Buenos Aires, Amorrortu, 1986, p. 168.

Reik aporta un testimonio invaluable sobre esta cuestión: "Una de mis pacientes había cortado su relato con una pausa prolongada que en vano trataba de hacer cesar hablando de cosas indiferentes. [...] Finalmente, declaró: 'Guardemos silencio sobre otra cosa'".[183]

En el capítulo IV de *Estudios sobre la histeria* menciona Freud las evasivas con que un paciente encubre la dificultad de decir algo: "'—*Hoy estoy disperso, me perturban el reloj o el piano que tocan en la habitación vecina'*. [Freud responde:] —'*Usted ahora tropieza con algo que preferiría no decir'*. [...] Mientras más prolongada resulta la pausa entre la presión de mi mano y la exteriorización del enfermo [...] más es de temer que el enfermo se aderece lo que se le ha ocurrido y lo mutile en la reproducción".[184] Pudor y edición ulterior son, pues, estela de lo suprimido.

En el caso de Miss Lucy R., hablando sobre el ocasionamiento de la conversión histérica que aquejaba a esta paciente, Freud dice que una condición de la histeria es "que una representación sea reprimida {desalojada} deliberadamente de la conciencia".[185] Específicamente postula que "entre las premisas de ese trauma

---

[183] Reik, Theodor, "En el principio es el silencio" (1926), en: Nasio, J. D. (ed.), en: *op. cit.*, p. 24.

[184] Freud, S., "Estudios sobre la histeria" (1893-1895), en: *op. cit.*, t. II, p. 285. "Cuanto más grande es la pausa [...] más las probabilidades de que el sujeto esté dedicado a arreglar a su gusto la ocurrencia emergida, mutilándola al comunicarla", se lee en la versión de Biblioteca Nueva. Freud, S., "Estudios sobre la histeria" (1893-1895), en: *Obras completas*, t. I. Trad. de Luis López-Ballesteros. Madrid, Biblioteca Nueva, 1973, p. 153.

[185] Freud, S., "Estudios sobre la histeria" (1893-1895), en: *Obras completas*, t. II. Trad. de José L. Etcheverry. Buenos Aires, Amorrortu, 1986, p. 133.

tenía que haber una que ella deliberadamente quisiera dejar en la oscuridad, que se empeñara por olvidar".[186] De nuevo aparece aquí una voluntad esforzada por guardar silencio, lo que obliga a preguntarse si el fenómeno de la represión y el de un desalojo voluntario no son difíciles de concebir en paralelo, dado que la represión remite a lo inconsciente y el desalojo –por voluntario– a la conciencia.[187]

---

[186] *Ibid.*, p. 132.

[187] Repárese en que Freud habla aquí de un represión "voluntaria" (en la edición de López-Ballesteros) o "deliberada" (en la edición de Etcheverry), lo cual parece un contrasentido. No se olvide que la palabra "reprimir" (*verdrängen*) aparece por primera vez en el informe "Sobre el mecanismo psíquico de fenómenos histéricos: comunicación preliminar" (1893), según una nota de Strachey. Pero tal nota es confusa al comentar los términos *absichtlich* y *willkürlich*. Júzguese si no: Dice Etcheverry que en apariciones anteriores el verbo "reprimir" se acompañaba "por un adverbio con el sentido de 'adrede', 'intencionalmente' (*'absichtlich', 'willkürlich'*). Freud explicita esto en "Las neuropsicosis de defensa" (1894) al aseverar que el acto de la represión 'es introducido por un empeño voluntario, cuyo motivo es posible señalar'. Así pues, la palabra 'intencionalmente' no hace sino indicar la existencia de un motivo, y no implica que haya una intención consciente". Véase: Freud, S., "Estudios sobre la histeria" (1893-1895), en: *op. cit.*, t. II, p. 36. Parece evidente que Strachey fuerza la cita en la que apoya su razonamiento: no necesariamente se colige que lo voluntario (esto es, lo intencional) apunta a un motivo; y –menos aún– puede atribuírsele a Freud la conclusión que, por otro lado, contradice el argumento esgrimido: "la palabra 'intencionalmente' [...] no implica que haya una intención [...]" (¿por fin?); completemos la frase: "no implica que haya una intención consciente" (¿no es ésta una redundancia?). Acaso el problema sea de traducción. En cualquiera de los casos, el que hace converger los términos "intención" y "voluntad" es Strachey y no Freud, quien sólo habla del motivo que lleva al "acto voluntario" de reprimir algo. Así, no se ve cómo pueda inferirse que el término "intencionalmente" indique "la existencia de un motivo". En la misma nota, Strachey señala que es en la introducción a

Queda asentado entonces que el pudor y la vergüenza, unidas a un sentimiento de culpa, hacen difícil la confesión de ciertas fantasías o representaciones. En el célebre escrito que Freud dedicara a lo que desde Lacan se conoce como fantasma, Freud apunta que la fantasía de ser azotado por el padre es asombrosamente común en las comunicaciones de los analizantes. "La confesión de esta fantasía sólo sobreviene con titubeos".[188] De modo que la confesión es secreto forzado a ver la luz cuya enunciación no deviene sino entrecortada, hendida por el acallamiento que mutila el decurso de la palabra que la formula.

En otro escrito se hace referencia a un pudor distinto: aquel ligado a los sueños diurnos que hace las veces de dique en las comunicaciones analíticas: "las más de las veces se los reserva con vergüenza, como si pertenecieran al más íntimo patrimonio de la personalidad. [...] Todos los ataques histéricos que he podido indagar hasta ahora probaron ser unos tales sueños diurnos de involuntaria emergencia".[189] Pesquisar lo

---

"Nuevas puntualizaciones sobre las neuropsicosis de defensa" (1896), donde Freud califica a la "defensa" (*Abwehr*) –término entonces equivalente al de "represión" (*Verdrängung*)– como un mecanismo psíquico inconsciente (*Ibid.*, t. III, p. 163). Un pasaje del caso Dora quizá ayude a zanjar la cuestión: dice ahí que "una parte del saber anamnésico" puede o no estar a disposición del enfermo; esto es, si el enfermo se rehúsa a comunicar un hecho, eso depende de lo que Freud ahí define como "insinceridad consciente" e "insinceridad inconsciente". Se entiende entonces que el que la palabra no llegue (falte), no depende de la voluntad. Freud, S., "Fragmentos de análisis de un caso de histeria" (1905[1901]), en: *op. cit.*, t. VII, p. 17.

[188] Freud, S., "Pegan a un niño" (1919), en: *op. cit.*, t. XVII, p. 177.

[189] Freud, S., "Las fantasías histéricas y su relación con la bisexualidad"

que los sueños diurnos entrañan es de la más alta importancia puesto que "son los estadios psíquicos previos más próximos" de ciertos síntomas histéricos. De hecho, los sueños diurnos figurados "mediante 'conversión'" devienen síntomas histéricos.[190]

Un ejemplo notable: una paciente, a quien Freud había hecho advertir su proclividad a las fantasías, le refirió que repentinamente la había acometido un llanto en plena calle y "meditando enseguida sobre el motivo, apresó la fantasía de que había entablado una relación tierna con un virtuoso pianista notorio en la ciudad (aunque no lo conocía personalmente), quien le había dado un hijo (ella no los tenía) y luego la abandonó a su suerte, dejándolos en la miseria a ella y al niño. En este pasaje de la novela le acudieron las lágrimas".[191]

Otra variante psicoanalítica de la reticencia tiene lugar cuando un pensamiento es sojuzgado. Lo enjuiciado (*Verurteilt*) condena un pensamiento que acude al denegarlo.

Hacia 1905, Freud decía que la represión es intermedia entre el juicio adverso (*Verurteilung*) y el reflejo de defensa.[192] Y una década después aclararía que este reflejo de defensa se produce como resistencia a una moción pulsional; el yo tendría una opción de resistencia alterna sólo en el caso de enfrentarse a un estímulo exterior: la huida. Pero "en el caso de

---

(1908), en: *op. cit.*, t. IX, p. 142.

[190] *Ibid.*, p. 143.

[191] *Idem.*

[192] Freud, S., "El chiste y su relación con lo inconsciente" (1905), en: *op. cit.*, p. 167.

la pulsión, de nada vale la huida, pues el yo no puede escapar de sí mismo".[193]

El juicio de condena está ligado a lo que en los escritos freudianos se llama conciencia moral, que es la oscura percepción que tenemos al desestimar un deseo. "Esto se vuelve todavía más nítido en el caso de la conciencia de culpa, la percepción del juicio adverso {*Verurteilung*} interior sobre aquellos actos mediante los cuales hemos consumado determinadas mociones de deseo [...] quien tenga conciencia moral no puede menos que registrar dentro de sí la justificación de ese juicio adverso y la reprobación de la acción consumada".[194] Así, la conciencia moral es el apercibimiento (detección y represión a un tiempo) de determinado deseo que –en su caso– será procesado y condenado por (en) un juicio adverso. Sometido a tal veredicto, el sujeto se reprocha –en la culpa– la acción que dio cauce a su deseo.

---

[193] Freud, S., "La represión" (1915), en: *op. cit.*, t. XV, p. 141. Conviene anotar aquí la observación de Strachey quien repara en que hacia 1911 Freud hace equivalentes los términos *Verurteilung* ("juicio de condena") y *Urteilsverwerfung* ("desestimación por el juicio"). Véase: Freud, S., "Formulaciones sobre los dos principios del suceder psíquico" (1911), en: *op. cit.*, t. XII, p. 226. Tal equivalencia es consignada también en Laplanche, J., y Pontalis, J.-B., *op. cit.*, p. 207. En otra nota, Strachey señala que hacia el final de su vida Freud estableció otra distinción: "represión se aplicaría a la defensa contra las demandas pulsionales internas, y 'desmentida' a la defensa contra los reclamos de la realidad externa"; Freud, S., "Esquema del psicoanálisis" (1940[1938]), en: *op. cit.*, t. XXI, p. 148. Así, huida y desmentida son –en este contexto– equivalentes.

[194] Freud, S., "Tótem y tabú. Algunas concordancias en la vida anímica de los salvajes y de los neuróticos" (1913 [1912-13]), en: *op. cit.*, t. XIII, p. 73.

Ese sentimiento de culpa "descansa en la tensión entre el yo y el ideal del yo, es la expresión de una condena del yo por su instancia crítica". Lo que aquí interesa es que "ese sentimiento de culpa es mudo para el enfermo, no le dice que es culpable; él no se siente culpable sino enfermo. Sólo se exterioriza en una resistencia a la curación".[195] Este "mutismo" que el sentimiento de culpa guarda obstaculiza el progreso de la cura y el analizante no ve ahí la causa de que su enfermedad continúe; prefiere adjudicar tal hecho a la ineficacia del tratamiento analítico, explica Freud.

Una aproximación distinta a lo anterior, reza: "Las tendencias que ejercen la censura son las que el soñante admite despierto en su actividad judicativa y con los cuales se siente consustanciado".[196] Es por eso que cuando la interpretación correcta de un sueño es rechazada por el soñante, los motivos de tal repulsa son los mismos "por los cuales se ejerció la censura onírica, se produjo la desfiguración del sueño y se hizo necesaria la interpretación".[197]

Enfatícese entonces la diferencia entre juicio adverso y represión (del mismo modo que antes se intentó clarificar la distinción entre esta última y la supresión, con las dificultades ya referidas): "Si tomamos por modelo un impulso, un proceso anímico que se afana por trasponerse en una acción, sabemos que puede sufrir un rechazo que llamamos desestimación o juicio adverso. Con ello le es sustraída la energía de que

---

[195] Freud, S., "El yo y el ello" (1923), en: *op. cit.*, t. XIX, pp. 50-51.

[196] Freud, S., "Conferencias de introducción al psicoanálisis" (1916-1917 [1915-16]), "9ª conferencia. La censura onírica", en: *op. cit.*, t. XV, p. 130.

[197] *Idem.*

dispone; se vuelve impotente, pero puede subsistir como recuerdo. Todo el proceso de la decisión que se adopte sobre él transcurre a sabiendas del yo".[198] En la represión, en cambio, el proceso anímico que busca trasponerse en acción conserva su energía pero de él no queda recuerdo alguno; por otra parte, el yo no registraría la represión a la que, eventualmente, sería sometido tal proceso.

En uno de los escritos metapsicológicos se explica por qué una desestimación se expresa a veces como denegación: "La negación es un sustituto de la represión, de nivel más alto".[199] Esta aseveración se ampliaría una década después: "el juicio adverso (*Verurteilung*) es el sustituto intelectual de la represión".[200] Ya en 1909 se ejemplificaba lo anterior al hablar de los efectos que el tratamiento analítico había tenido en el pequeño Hans.[201]

Ligado a lo anterior está el silencio que guarda el analizante tras ofrecérsele la interpretación, por ejemplo, de un sueño. Puede suceder que intente negar el haber dicho lo que sí se dijo: en una sesión, Freud interpreta que el sueño referido por una mujer (donde lleva un sombrero de copa puntiaguda y alas

---

[198] Freud, S., "Conferencias de introducción al psicoanálisis" (1916-1917 [1915-16]), "19ª conferencia. Resistencia y represión", en: *op. cit.*, t. XVI, p. 269.

[199] Freud, S., "Lo inconsciente" (1915), en: *op. cit.*, t. XIV, p. 183.

[200] Freud, S., "La negación" (1925), en: *op. cit.*, t. XIX, p. 254. "El juicio negativo es el sucedáneo intelectual de la represión", traduce otra versión. Freud, S., "La negación" (1925), en: *Obras completas*, t. XXI. Trad. de Ludovico Rosenthal. Buenos Aires, Santiago Rueda, 1954, p. 198.

[201] Freud, S., "Análisis de la fobia de un niño de cinco años" (1909), en: *Obras completas*, t. X. Trad. de José L. Etcheverry. Buenos Aires, Amorrortu, 1986, p. 116.

caídas) representa un pene y sus testículos. Observa entonces la muy peculiar reacción que ella tiene: luego de retractarse de la descripción hecha pretendía "no haber dicho que las dos alas pendían hacia abajo. Yo estoy bien seguro de lo que he oído como para dejarme confundir y me atengo a eso. Ella guarda silencio un momento y después encuentra coraje para preguntar qué significa que su marido tenga un testículo más bajo que el otro y si es así en todos los hombres".[202] El silencio referido tiene un antecedente inmediato que el mismo Freud señala en el punto en que la mujer describe la copa en punta del sombrero y las alas colgantes; "la descripción se hace aquí vacilante", es decir, se acota.[203] Hay entonces una duda (el porqué de la caída desigual de los testículos del marido) enmudecida hasta el momento en que se apalabra la desfiguración que ese contenido sufre en el sueño; pero ahí el relato desfallece; es así que el silencio intermitente (expresado como vacilación) se torna pleno ante la interpretación ofrecida por el analista. Una última corroboración de esta mudez itinerante es el que la soñante deba encontrar valor para enunciar lo que por otros medios había logrado ya cauce de expresión. Recuérdese la incontestable sentencia Reik: "Tenemos que esperar que el paciente reúna por sí mismo el coraje de volver posible lo imposible. El resto es silencio".[204]

---

[202] Freud, S., "La interpretación de los sueños" (1900[1899]), en: *op. cit.*, t. v, p. 367.

[203] *Ibid.*, p. 366.

[204] Reik, T., "En el principio es el silencio" (1926), en: Nasio, J. D., (ed.), *op. cit.*, p. 22. "*The rest is silence*", dice Hamlet en su parlamento último. Shakespeare, William, *The complete works of William Shakespeare*, Hertfordshire, Inglaterra, Wordsworth Editions Ltd, 1994, p. 712.

Que lo que se dice tenga un solo sentido, siempre será discutible; pero en lo que no se dice, los sentidos son innumerables, y eso sí que es indiscutible. Así, entre más *hermética* sea una declaración, más *hermenéutica* será la actividad de quien la escucha.[205] En el caso del psicoanálisis esto vale tanto para el analista (en su enunciar sucinto o en su silencio en tanto hermetismo a elucidar), como para el analizante (en su decir elidido, marcado por todas las variantes de la reticencia). En cualquier caso, la *intención declarativa* obliga siempre a una *interpretación receptiva*.

Insinuación

Puede suceder "que a la vez se *quiera decir*, en el pleno sentido de la palabra, y tener la posibilidad de defenderse por *haberlo querido decir*. En otros términos, puede pasar que uno quiera sacar partido, a la vez, del tipo de complicidad inherente al decir algo, y esquivar al mismo tiempo los riesgos que acarrea la explicitación".[206] Muchas veces se ha comparado la palabra que sale de la boca con la piedra que sale de la mano: ni una ni otra pueden volver al punto del que partieron por una especie de no retorno. Puede, sin embargo, esconderse la mano como puede argumentarse "no quise decir lo que con todas las letras dije". Pero Ducrot señala que las consecuencias por lo dicho ya estaban presupuestadas y sólo se busca matizarlas invocando atenuantes varias. Así, hay una intención cuyo

---

[205] Block de Behar, L., *op. cit.*, pp. 177 y 215.

[206] Ducrot, Oswald, *Decir y no decir* [1972], Barcelona, Anagrama 1982, p. 19.

disimulo evidencia dos cosas: la voluntad de conseguir algo y el recuento de daños previamente calculado: "Por un lado se pretende que el auditor sepa que se le ha querido hacer pensar algo, y por otro lado se quiere, a pesar de todo, negar esa intención".[207]

Ducrot habla de "manipulaciones estilísticas", donde la táctica del locutor consiste en manifestar de un modo implícito el verdadero contenido de su mensaje apostando a que el destinatario buscará las motivaciones posibles de lo enunciado. Como si quien así procede buscara conducir los razonamientos del destinatario suministrando información que induzca a una conclusión determinada. "Puede pasar que la manipulación del locutor sea totalmente premeditada, entendiéndose por ello que él decide primeramente el efecto que quiere obtener en el destinatario (es decir, el razonamiento que quiere provocar), y busca luego las palabras que puedan suscitarlo".[208]

Así, las manipulaciones estilísticas permiten aquellos implícitos que expresan una opinión sin incurrir en el riesgo de responsabilizarse por lo dicho. "No se trata sólo de *hacer creer*, sino de *decir sin haber dicho*. Por lo tanto, decir algo, no es sólo hacer que el destinatario lo piense, sino también hacer de modo que una de las razones de pensarlo sea la de haber descubierto la intención del locutor de hacérselo pensar".[209] Algo así como: "te digo que voy a Cracovia para que tú pienses que voy a Praga cuando en realidad voy a Cracovia. Te lo digo, pero implícitamente, para que creas descubrir mi intención de

---

[207] *Idem.*

[208] *Ibid.,* p. 18.

[209] *Ibid.,* p. 19.

no ir adonde sí voy". Porque en la insinuación, donde tiene lugar lo sugerente sin declaración explícita, no sólo se trata de comunicar algo, sino de hacerlo de un modo particular (a eso Austin le llama "fuerza ilocutiva").[210]

Según Ducrot, las "manipulaciones estilísticas" se basan en el secreto (recuérdese que éste no es sino una variedad del silencio). La manipulación estilística sólo tiene sentido mientras es secreta o mientras el destinatario no se da cuenta de que es objeto de una artimaña. Y es que en algunas ocasiones, la manipulación se apoya en lo que el emisor va escuchando de su interlocutor. El cálculo de los eventuales efectos que una palabra pudiera suscitar se hace en el momento mismo en que discurre la conversación. Los fines de la manipulación van adecuando su horizonte de posibilidad en la medida en que el interlocutor reacciona −o no− según lo esperado.

En una situación analítica, la pericia del analista operaría al ser capaz de oír lo no dicho en lo explícito, pues no es infrecuente que −faltando a la regla fundamental− el analizante imagine los efectos que sus palabras podrían tener (sobre todo las directamente relacionadas con el analista), lo que le hace elegir unas palabras y no otras. Sin embargo, esta edición calculada de su dicho probablemente tenga menos que ver con el supuesto efecto de su decir que con la evitación de todo aquello de lo que preferiría no hablar.

Dice Ducrot que "si estas manipulaciones permiten al locutor negar haber dicho algo, es que en realidad no lo ha dicho".[211] No en el caso del psicoanálisis, donde el sentido de

---

[210]   Véase: Beristáin, H., *op. cit.*, pp. 259-261.

[211]   Ducrot, O., *op. cit.*, p. 19.

responsabilidad es absoluto (no hay noción de inimputabilidad). Si el locutor negara haber dicho algo valiéndose de una manipulación estilística, dicha negación invalidaría el argumento mismo pues sólo haría más evidente su intención de evadir la responsabilidad frente a su palabra. Cuando entre analista y analizante media el silencio, gobierna "lo no dicho que acoge lo que sin decirse es compartido",[212] esto es, lo insinuado.

Accismo

Ésta es una variante de la ironía y consiste en un fingido rechazo de algo que se desea desesperadamente.[213] Un ejemplo notable proviene de Esopo en una de sus fábulas más conocidas: "Una zorra hambrienta, como viera unos racimos colgar de unas parra, quiso apoderarse de ellos y no pudo. Marchándose, dijo para sí: 'Están verdes'".[214] Nótese que se silencia (disimulo mediante) el grado superlativo de un deseo. Minimizar la falta, ligada a la frustración, evidencia cuan encarecidamente se desearía colmarla.

El accismo induce una desviación que sólo puede inferirse del contexto en el que se inserta. Esopo enmarca la frase "Están

---

[212] Gutiérrez, José, *Silencio y verdad* [1987], Bogotá, Instituto Caro y Cuervo, 1987, p. 10.

[213] *Accismus: A feigned refusal of that which is earnestly desired.* Burton, Gideon, "Accismus", en: *Silva Rhetoricae.* rhetoric.byu.edu

[214] Esopo, "La zorra y las uvas" [s.VI a.C.(?)], en: *Fábulas.* Barcelona, Gredos, 2006, p. 48. Repárese que para el Grupo m la fábula misma (como la alegoría y la parábola), *es* un metalogismo. Véase: Grupo μ, *op. cit.*, p. 221.

verdes" en el contexto de que la zorra dice tal cosa por no haber podido apoderarse de la parra. Es posible que unas uvas estén verdes (no hay falta de correspondencia entre el signo y su referente, lo que distingue al metalogismo de un tropo); no obstante, en este caso, la zorra justifica su imposibilidad aduciendo que las uvas no están maduras. En su descargo, desplaza un "no pude" a un "no quise", igual que un analizante puede afirmar "me interesa el ser, no el tener" disimulando su reiterado fracaso al intentar producir dinero.

Desde otro punto de vista, el accismo es un tipo de refutación anticipatoria que funge como respuesta a los argumentos de un posible impugnador. Es decir, esta estrategia retórica evidencia la operación de un imaginario donde al otro se lo supone un contrario que objetará y exhibirá que lo esgrimido no admite el más mínimo examen, por lo que se anticipa una refutación.

Desde el punto de vista psicoanalítico, la detracción vendría, en primer lugar, de quien instrumenta el accismo pues valerse de él ya denuncia una inconsistencia de origen.

Alusión

Esta figura de pensamiento expresa "una idea con la finalidad de que el receptor entienda otra, es decir, sugiriendo la relación existente entre algo que se dice y algo que no se dice, pero que es evocado".[215]

La alusión puede ser formal o simbólica. Si entre lo dicho y lo sugerido hay una relación que va de la analogía entre

---

[215] Beristáin, H., *op. cit.*, p. 39.

fonemas hasta la correspondencia entre estructuras estilísticas complejas, se trata de una alusión formal. "Si la evocación se produce mediante un atributo o un objeto investido de valores abstractos", se tiene una alusión simbólica.[216]

En lo atinente al registro psicoanalítico, Lacan se pregunta: "¿A qué silencio debe obligarse ahora el analista para sacar por encima de ese pantano el dedo levantado del *San Juan* de Leonardo, para que la interpretación recobre el horizonte deshabitado del ser donde debe desplegarse su virtud alusiva?".[217] Lo dicho por Lacan evoca estas otras palabras que podrían ser las de cualquier analizante: "El curso entero no era más que alusión. No hice más que seguir unas huellas imprecisas pero las seguía. Estas huellas eran una promesa casi inaudible que anunciaba una liberación hacia lo abierto, a veces era oscura y desorientadora, a veces como un relámpago de súbita intuición que luego, durante mucho tiempo, eludía toda tentativa de decirla".[218]

Así, el psicoanalista procede menos por definición que por alusión, en la lógica de la metáfora y yendo más allá de los significados inmediatos y evidentes. Recuérdese que al comentar el famoso episodio de la persona que al volver del fiambrero cree escuchar de otra la palabra "marrana", Lacan señala la importancia que en este suceso desempeña el

---

[216] *Idem.*

[217] Lacan, J., "La dirección de la cura y los principios de su poder" (1958), en: *Escritos* [1966], vol. 2, p. 621.

[218] Heidegger, M., *De camino al habla* [1959], p. 124.

mecanismo de la alusión, que "se indica a sí misma en un más allá de lo que dice".[219]

El dedo de San Juan de la cita, alude a la función connotativa (no denotativa) de una interpretación, por ser un signo que *seña* más de un significado. "La connotación remite a conceptos aún no denotados", dice el *Diccionario de retórica y poética*;[220] de lo que se infiere que el analizante denotará lo connotado por el analista, quien al emplear la alusión como estrategia retórica consigue, entre otras cosas, despertar la curiosidad del analizante que permanecerá, no obstante, insatisfecha.

Pero bien visto quizá sea en lo *ostensivo* (más que en lo connotativo) donde la alusión adquiere su verdadera fuerza. Grice –evocado en la introducción a este apartado al consignar que para el Grupo μ una falsificación ostensiva se impone en todo metalogismo– definió con su pragmática las condiciones que rigen lo conversacional. Pero en un análisis no se conversa; antes bien, se violan los principios rectores de una conversación lógica. Un metalogismo, podría decirse, va a contrapelo de lo que la pragmática considera necesario para una adecuada comunicación.

Hay que recurrir a los continuadores de Grice para acentuar un espectro adyacente al de la comunicación: esto es, la información. La *teoría de la relevancia* aporta herramientas para inferir cómo es que pueden interpretarse ciertos enunciados.[221] Los postulados de Grice se ven reducidos a

---

[219] Lacan, J., *El Seminario. Libro 3. Las psicosis (1955-1956)*, p. 80.

[220] Beristáin, H., *op. cit.*, p. 112.

[221] Véase: Sperber, Dan & Wilson, Deirdre, *Relevance* [1986], Oxford, Harvard University Press/ Blackwell, 1986.

uno solo (relación) de acuerdo a un nuevo modelo llamado ostensivo-inferencial que toma en cuenta los enunciados tanto como el contexto en que son emitidos: *There may be implicatures to identify, illocutionary indeterminacies to resolve, metaphors and ironies to interpret. All this requires an appropriate set of contextual assumptions* ("Puede haber implicaturas que identificar, indeterminaciones ilocutorias que resolver, metáforas e ironías que interpretar. Todo esto requiere de un conjunto apropiado de suposiciones contextuales").[222] Las asunciones (presunciones, en estricto) contextuales y las *implicaturas* –que vehiculan mensajes no verbalizados– son las balizas a identificar para que el carácter comunicacional e informativo del proceso tenga lugar.

No obstante, para los efectos de este trabajo interesa menos lo inferencial que lo ostensivo, ya que los teóricos posgriceanos postulan que en un proceso comunicativo los actores comparten un entorno cognitivo que les permite inferir todo el mensaje a partir de un fragmento. Pero esto ya había sido cuestionado desde que el modelo clásico (codificación-decodificación) estaba en boga. Eco diferenció con agudeza entre *intentio auctoris, intentio lectoris* e *intentio operis*,[223] noción deudora

---

[222] Sperber, Dan & Wilson, Deirdre, "Relevance Theory" en: *London's Global University.* www.phon.ucl.ac.uk/publications/WPL/02papers/wilson_sperber.pdf
(La traducción es mía.)

[223] Eco, U., *Los límites de la interpretación* [1990], México, Lumen, 1992, p. 29. Tomás Segovia, en su calidad de traductor, no coincide con esta tripartición al sostener que "el sistema por definición no puede contener sus propios mensajes". Segovia, T., "Psicoanálisis: entre la literalidad y la paranomasia", en: Braunstein, N., (ed.), *op. cit.*, p. 283. Eco sostendría en

de Barthes que también concebía "el deseo de la obra".[224] De modo que es inútil insistir en la intención comunicativa del emisor como fuente única de (sin)sentido.

Lo que debe destacarse es que en modelo ostensivo-inferencial operan implicaciones contextuales que llevarán –al analizante, por ejemplo– a elegir una posible lectura de lo que le es dirigido como interpretación, y a cancelar las restantes. *When is an input relevant? Intuitively, an input (a sight, a sound, an utterance, a memory) is relevant to an individual when it connects with background information he has available to yield conclusions that matter to him* ("¿Cuándo es un aporte relevante? Intuitivamente, un aporte (una mirada, un sonido, una declaración, una memoria) es relevante para un individuo cuando se conecta con la información precedente que tiene disponible para producir conclusiones que son de su interés").[225] Hasta aquí lo inferencial. Lo ostensivo implica operaciones psíquicas más complejas porque la presunción de relevancia es correlativa al grado de obviedad que la intención comunicativa logre transmitir. Sirva un ejemplo: *I may leave my empty glass in your line of vision, intending you to notice and conclude that I might like another drink. As Grice pointed out, this is not yet a case of inferential communication because, although I did intend to affect your thoughts in a certain way, I gave you no evidence that I had this intention* ("Puedo dejar mi vaso vacío en

---

cambio, junto a una legión de estructuralistas, que no sólo hay *allegoria in factis*, sino que también puede haber *allegoria in verbis*.

[224] Véase: Barthes, R., *S/Z*. México, Siglo XXI, 1980.

[225] Sperber, Dan & Wilson, Deirdre, "Relevance Theory", en: *London's Global University*. (La traducción es mía.)

tu horizonte visual, con la intención de que lo notes y concluyas que me gustaría otro trago. Como lo indica Grice, esto todavía no es un caso de comunicación inferencial porque, aunque yo trate de influir tus pensamientos de un modo determinado, no te he dado evidencia de que esa era mi intención").[226] Así, dar a entender que quiero otro trago, no basta. Debo hacer explícita esa intención para lograr que mi mensaje adquiera un estatuto inferencial: *Inferential communication is not just a matter of intending to affect the thoughts of an audience; it is a matter of getting them to recognise that one has this intention* ("La comunicación inferencial no es sólo una cuestión de intentar influir en los pensamientos de un espectador; se trata de inducirlo a reconocer que uno tiene esta intención").[227]

Hasta aquí el modelo inferencial adolece de cierta simplicidad. Se vuelve francamente elemental al agregar lo ostensivo: *Instead of covertly leaving my glass in your line of vision, I might touch your arm and point to my empty glass, wave it at you, ostentatiously put it down in front of you, stare at it meaningfully, or say 'My glass is empty'* ("En lugar de dejar disimuladamente mi vaso en tu horizonte visual, puedo tocar tu brazo e indicar hacia mi vaso vacío, agitarlo, ostensivamente colocarlo frente a ti, mirarlo detenidamente, o decir 'Mi vaso está vacío'").[228] Lo ostensivo cumple entonces una función primitiva al vehicular una supuesta relevancia.

Pero no se olvide que para el Grupo μ en *todo* metalogismo (lo que no admite excepción) se *impone* una falsificación

---

[226] *Idem.* (La traducción es mía.)

[227] *Idem.* (La traducción es mía.)

[228] *Idem.* (La traducción es mía.)

ostensiva. Siendo la alusión el mecanismo aquí analizado, ¿en qué radica la falsificación de lo ostensivo? Aunque Wilson y Sperber no lo expliquen así, de sus escritos (y aplicando las herramientas que ellos mismos proveen) se infiere que el silencio *es* la falsificación de lo ostensivo: *This approach sheds light on some cases where a communicator withholds relevant information (…) Suppose I ask you a question and you remain silent. Silence in these circumstances may or may not be an ostensive stimulus. When it is not, we would naturally take it as indicating that the addressee was unable or unwilling to answer the question* ("Esta aproximación arroja luz sobre algunos casos en donde un comunicador se reserva información relevante. [...] Supongamos que te pregunto algo y tú permaneces en silencio. El silencio en estas circunstancias puede o no ser un estímulo ostensivo. Cuando no lo es, lo tomamos naturalmente como un indicador de que el destinatario estaba inhabilitado o reacio a responder a la pregunta").[229]

Apliquese la misma situación al contexto analítico: el analista se reserva determinada información (que *se supone* posee). Ante una demanda, permanece en silencio (lo que ya vale como interpretación). ¿Por qué estaríamos en presencia de un efecto ostensivo? Porque aunque se sabe que "hay enunciados que son interpretaciones mientras que otros no lo son",[230] en el caso referido el silencio transmite una intención suplementaria que evidencia su carácter alusivo: *If you are clearly willing to*

---

[229] *Idem.* (La traducción es mía.)

[230] Braunstein, N., "Con-jugar el fantasma. (Los enunciados del analista)", en: Braunstein, Néstor, (ed.), *La interpretación psicoanalítica*, México, Trillas, 1988, p. 86.

answer, I am entitled to conclude that you are unable, and if you are clearly able to answer, I am entitled to conclude that you are unwilling ("Si claramente estás dispuesto a responder, tengo derecho a concluir que eres incapaz de hacerlo, y si estás claramente habilitado para responder, estoy en pleno derecho de concluir que no estás dispuesto").[231]

En efecto, es común que los analizantes se pregunten si el silencio del analista se debe a que queriendo no puede responder, o a que pudiendo decide no hacerlo. *When the silence is ostensive, we would like to be able to analyse it as merely involving an extra layer of intention, and hence as communicating –or implicating– that the addressee is unable or unwilling to answer* ("Cuando el silencio es ostensivo, nos gustaría ser capaces de analizarlo como involucrando meramente una capa adicional de intención, y, por lo tanto, comunicando –o implicando– que el destinatario está inhabilitado o no dispuesto a responder").[232] De esta manera, si lo ostensivo (en el sentido griceano) tradicionalmente se expresaría mediante una explicación detallada (redundante), el silencio alusivo del analista es una falsificación ostensiva por cuanto refiere a algo no dicho pero sí comunicado (esta es la definición misma de implicatura); a saber: que no podría haber disposición a responder por la sencilla razón de que no se está en posesión de lo solicitado.

Como ya se dijo, aquello que sin decirse es evocado remite asimismo a las posibilidades interpretativas del analizante.

---

[231] Sperber, Dan & Wilson, Deirdre, "Relevance Theory", en: *London's Global University*. (La traducción es mía.)

[232] *Idem*. (La traducción es mía.)

He aquí otra razón para la abstinencia del analista: permitir que el fantasma de quien consulta se actualice en la situación analítica, sea el matrilateral (que satisface o no), o el patrilateral (que azota y castra). Es por recibir como respuesta un silencio polisémico que la fantasmática del analizante (omnipotencia materna *versus* severidad paterna) se actualiza.

En un sentido psicoanalítico, toda interpretación es alusiva, nunca conclusiva; es dicha al sesgo de modo oblicuo. Lacan propuso un neologismo específico para eso que una verdadera interpretación debe vehicular: *ausentido*;[233] esto es, el enigma como ausencia de un sentido único. Se trataría de instar a un permanente deslizamiento de la significación a través de sentidos tan posibles como transitorios. En esta lógica, el ausentido remite a la impugnación incesante de cualquier sentido que se pretenda fijo. Habrá sentidos (nunca uno) sólo en términos de *ausencia*.

No se deduzca de lo anterior que la interpretación insta a una diversidad inconmensurable de lecturas posibles, pues "toda lectura se da en el interior de una estructura (por múltiple y abierta que ésta sea) y no en el espacio presuntamente libre de una presunta espontaneidad".[234] Lacan es enfático en la acotación: "la interpretación no está abierta en todos los sentidos. No es cualquiera. Es una interpretación significativa que no debe fallarse. No obstante, esta significación no es lo esencial para el advenimiento del sujeto. Es esencial que el

---

[233] Véase: Lacan, J., "El Atolondradicho" (1972), en: *Otros escritos* [2001], pp. 473-522.

[234] Barthes, R., "Sobre la lectura" [1975], en: *El susurro del lenguaje. Más allá de la palabra y la escritura* [1984], p. 42.

sujeto vea, más allá de esta significación, a qué significante –sinsentido, irreductible, traumático– está sujeto como sujeto".[235]
En efecto: "el sujeto no lo es sino que lo está".[236] De modo que
la interpretación –de suyo enigmática– apunta a develar los
comandos significantes a los que el analizante está sujetado
para que, como principal implicado, decida si quiere operar en
sí mismo una resubjetivación.

Jacques-Alain Miller ha desmenuzado un pasaje por demás
enigmático de Lacan que reza: "El decir del análisis, en tanto
es eficaz, realiza lo apofántico, que con su sola ex-sistencia
se distingue de la proposición".[237] De lo que deriva que toda
demanda "por aparear lo imposible con lo contingente, lo
posible con lo necesario" se inscribe en "la que se dice lógica
modal".[238] Del lado apofántico, explica Miller, los valores se
reducen a dos (verdadero o falso); la proposición, en el costado
de la modalidad, puede transformarse al infinito. Así, la
interpretación del analista se ubica en lo apofántico; la demanda
del analizante en lo modal. De modo que la intervención del
analista no puede inscribirse en la lógica modal porque su
condición de objeto a (que insta al deseo) exige "practicar cierta
neutralización de su modalidad subjetiva. [...] Una verdadera
interpretación analítica es un significante enigmático que se

---

[235] Lacan, J., *El Seminario. Libro 11. Los cuatro conceptos fundamentales del psicoanálisis (1964)*, p. 96.

[236] Segovia, T., "Psicoanálisis: entre la literalidad y la paranomasia", en: Braunstein, N. (ed.), *El lenguaje y el inconsciente freudiano*, p. 294.

[237] Lacan, J., "El Atolondradicho" (1972), en: *Otros escritos* [2001], p. 514.

[238] *Idem*.

ofrece a la interpretación del paciente [para abrir en él] la posibilidad de un cambio de modalidad subjetiva".[239]

Mientras lo apofántico se limita a emitir una declaración, la demanda implica una petición. Y si la declaración es además enigmática, al invitar a su desciframiento se emparenta con el oráculo. De tal suerte que "la palabra del analista será, habrá de ser, *no proposicional* [...] no verificable, no falsificable, [...] actuante, fáctica, fática, ubicada en algún lugar entre la cita y el enigma; palabra ligada a ese goce particular que es el goce del desciframiento, continuación del trabajo del inconsciente".[240]

Se hace necesario enfatizar que el analista no goza; lo oracular de su intervención alude al goce, no se recrea en él. "Como dice Nasio, 'el psicoanalista es aquel que evoca el goce'. Lo evoca, no lo dice, no lo hace, no lo tiene, no lo siente, no lo transmite, no lo recupera. Y lo evoca en la enunciación que es la presencia ética del analista en el seno del decir del analizante".[241] Evocar es aquí otra manera de nombrar la alusión retórica.

Cuando, por ejemplo, el analista resuelve citar lo que ha escuchado, en realidad interpreta: la cita implica la edición del discurso del analizante (al sustraer un fragmento de todo lo allí dicho); y por re-contextualizar lo repetido, vale como interpretación.[242] Y aún "siendo esos enunciados interpretativos muy concretos en su forma, recelan, sin embargo, una

---

[239] Miller, J.-A., *Introducción al método psicoanalítico* [1987], Buenos Aires, Paidós, 1997, pp. 98-99.

[240] Braunstein, N., *El goce. Un concepto lacaniano* [2006], pp. 308-309.

[241] *Idem.*

[242] *Ibid.*, p. 46.

ambigüedad que suscita el equívoco en el analizante".[243] Se ve con claridad que la pericia técnica en el ejercicio clínico se evidencia, entre otras cosas, por la capacidad de enunciar sin proferir palabra alguna. Puede crismarse, entonces, la declaración silente del analista como un *des-cir*.

Entiéndase el *des-cir* en el sentido que *die Sage* tiene para Heidegger: "Significa el decir, lo que el decir dice y lo que está por decir".[244] Pero visto con detenimiento, en ocasiones el silencio cumple con todos estos requisitos mejor que una palabra ambigua: es equívoco, no enuncia verdad alguna que exija su comprobación, no discute ni coteja; pero como forma de "abstinencia textual", sí interpreta. Obsérvese que en estos casos "la interpretación cae entera en el terreno del uso y fuera del sistema".[245] Sometido a prueba por el discurso que lo insta, este silencio implica una escucha que a su vez cuestiona lo que le es dirigido como pregunta, y que puede mudarse en intervención (citativa, aclaratoria, valorativa, definitoria, argumentativa) o aguardar... o puede apostarle a ambas cosas haciendo de la abstención una intervención, una interpretación sigilada: arriesgando el silencio.

No se olvide que, en ocasiones, "la necesidad del 'non dit', *lo que no se dice*, vale como un 'on dit', lo que *se dice*".[246] Para el analista, un *no decir* tiene valor declarativo; su callar también

---

[243] Moulin, Jacqueline, "Un moroso silencio... un silencio de muerte", en: Nasio, J. D. (ed.), *op. cit.*, p. 184.

[244] Heidegger, M., *op. cit.*, p. 131.

[245] Segovia, T., "Psicoanálisis: entre la literalidad y la paranomasia", en: Braunstein, N., (ed.), *op. cit.*, p. 295.

[246] Block de Behar, L., *op. cit.*, p. 195.

enuncia lo que no dice tanto como la posición (ética) desde donde decide proceder así. El riesgo implicado en cualquiera de estas modalidades de intervención nos lo recuerda Kafka: "el abogado, de todos modos sólo respondería con el silencio o con una frase hecha, y K... jamás podría saber".[247]

Si el analista resuelve hablar, debe saber que cada intervención suya colma el vacío surgido de la palabra del analizante. (Muy otro es el caso donde el analista interviene para introducir el vacío que el analizante pretende ocupar con un bla-bla-bla insustancial.) El horror del analizante al vacío, lo lleva a demandar que el analista hable; pero el analista debe soportar el vacío, pues para eso está entrenado.

La imposibilidad de decirlo todo ahonda la falta, por lo que se pide una palabra que mitigue el abismo. Esa palabra demandada no debe llegar. La intervención que se alojara en tal vacío, sería una respuesta a la demanda formulada, que ocluiría la apertura que la palabra del analizante (en su despliegue) había producido. Por aportar sentido, dicha intervención no sería, en rigor, psicoanalítica. Sólo la no respuesta o un sintagma oracular ensancharían la carencia de sentido, la privación significante con la que el analizando debe encararse para no apuntalar las construcciones con las que (por las que) llegó al análisis. Si una interpretación propiamente psicoanalítica debiera ir en contra del sentido (que no hace sino cebar el síntoma), acaso el callar sea el mejor vehículo para que el analizante columbre el sentido de *su* deseo y haga *sus* interpretaciones. Bien se ve cómo la alusión retórica elude, forzosamente, toda noción de sentido.

---

[247] *Ibid.*, p. 85.

Ahora bien, la parquedad de una intervención analítica permite la lectura retroactiva del silencio precedente: el valor de interpretar por un momento es mayor al de seguir sigilando. Así, "la brevedad del apotegma puede ser vista como la ruptura de un silencio por necesidad, dando la sensación de que quien lo pronuncia ha sabido emplear ese silencio previo para la reflexión".[248]

Recuérdese que entre el yo y el síntoma analítico, hay un descentramiento; sólo la intervención que incidiera en tal desnivel podría aspirar a que el síntoma cediera. "El orden instaurado por Freud prueba que la realidad axial del sujeto no está en su yo. Intervenir sustituyendo al yo del sujeto, como se sigue haciendo en cierta práctica del análisis de las resistencias, es sugestión, no es análisis".[249] Es por eso que una palabra que secunda el sentido no podría ser analítica en tanto nivela el yo del sujeto devolviéndole "el centro habitual de su punto de vista",[250] lo que equivale a restaurarle la totalidad de sus prejuicios. Así, tenemos que una razón técnica "en favor del silencio del analista es que 'toda palabra sugiere' y la sugestión debe ser excluida del trabajo analítico".[251]

---

[248] Fornis, César, "Laconismo frente a Retórica. Aforismo y brevilocuencia en el lenguaje espartano", en: *Lógos y Arkhé. Discurso político y autoridad en la Grecia antigua* [2012], Buenos Aires, Miño y Dávila editores, 2012, p. 66.

[249] Lacan, J., *El Seminario. Libro 2. El yo en la teoría de Freud y en la técnica psicoanalítica (1954-1955)*, p. 72.

[250] *Ibid.*, p. 69.

[251] Mannoni, Octave, "El juramento de Harpócrates" [1993], en: *Tres al cuarto*, núm. 2, Barcelona, 1993, p. 11.

"Se nos habla de *ego* autónomo, de parte sana del yo, del yo al que se debe reforzar [...] del yo que debe ser aliado del analista. [...] Ven ustedes a estos dos *yo*, dándose el brazo, el yo del analista y el del sujeto. [...] De esto la experiencia no nos ofrece ni el más mínimo esbozo, ya que lo que sucede es exactamente lo contrario: es a nivel del yo que se producen todas las resistencias", ironiza Lacan.[252] Y como no hay más resistencias que las del analista, toda intervención que a este nivel tenga lugar, fallará, puesto que "el yo se forma de los mismos momentos que un síntoma [pues] la personalidad del sujeto está estructurada como el síntoma que experimenta como extraño, es decir que, al igual que él, oculta un sentido, el de un conflicto reprimido".[253]

El analista no debe dar muestras de su fantasma y, ¿cómo evitarlo si habla? (porque el habla manifiesta la estructura del fantasma). No podría no traicionar la lógica del análisis si dijera cualquier cosa. Es por eso que, en la medida de lo posible, su interpretación no debe ser dicha. (El deseo –del analista– es ya *su* interpretación.) De hecho, en la medida en que no se dice, la interpretación está más presente; la interrupción potencia su valor y el silencio preserva la polivalencia, lo multifacético del decir del analizante que cualquier interpretación provista de sentido obtura.

Hay que crear un fondo de silencio cuya fuerza sea la de una pantalla en blanco donde se proyecten los rollos de

---

[252] Lacan, J., *op. cit.*, p. 109.

[253] Lacan, J., "Variantes de la cura-tipo" (1955), en: *Escritos* [1966], vol. 1, pp. 323 y 328.

quien consulta.[254] Entre menos accidentes y agujeros tenga esa superficie, mejor se apreciará lo que ahí acontezca. Por ese silencio, el sujeto y su decir quedan confrontados: si lo ha dicho, eso (Eso, Ello) es incontestable. El analizante no puede estar equivocado, no hay más que su decir (sin perder de vista el pasaje entre el dicho y el decir). Nunca se enuncia la opinión que se tiene sobre lo que se escucha, nunca se responde a la demanda formulada. De ahí que Lacan afirme: "A lo que oigo sin duda, no tengo nada que replicar, si no comprendo nada de ello, o si comprendiendo algo, estoy seguro de equivocarme".[255]

Por su condición escindida todo sujeto enfrenta una desazón profunda que lo hace estar "malparado, ajetreado y nervioso, buscando la 'respuesta' que todavía no ha encontrado. Y si cree que la ha encontrado, su tranquilidad dura hasta que se tropieza con un semejante que cree haber encontrado él también otra respuesta, incompatible con su propia solución, con lo que se embarca de nuevo en la búsqueda y la duda, cuando no en lucha con el contrincante".[256]

El corte en una sesión no es más que una invitación del analista a que el analizante haga una interpretación *propia*, lo que también puede leerse como el objetivo de las construcciones propuestas por el analista: que el analizante haga propia la interpretación *del* analista; la dimensión fantasmática abre aquí

---

[254] Notas personales del seminario de Néstor Braunstein, "¿Técnica del psicoanálisis?", impartido de septiembre de 1996 a agosto de 1998 en el Centro de Investigaciones y Estudios Psicoanalíticos (CIEP).

[255] Lacan, J., "La dirección de la cura y los principios de su poder" (1958), en: *op. cit.*, pp. 596-597.

[256] Panikkar, R., *op. cit.*, p. 258.

todas las posibilidades de la hermeneusis. Y en cada final de sesión, un "dejemos aquí por ahora" funge como recordatorio de que hay siempre un más allá de la palabra.

Subráyese también que el silencio del analista propicia un trabajo en el analizando del mismo modo que un silencio de éste obliga a un trabajo análogo en aquél. Traducir lo que el otro calla no sólo es trasladar sino alterar, trasponer, transmutar y, por tanto, traicionar. Si esto es así, habrá que tomar ventaja de lo que el proceso de traducción en sí mismo implica: recorriendo el fracaso del decir de la(s) palabra(s) traducida(s), acaso se llegue a entender, por esa falla, su significado.

El analista no retrocede ante el silencio, pero si decide hablar será tan importante lo que diga como la pertinencia de hacerlo en determinado tiempo y no en otro: el análisis de las resistencias (la suya en primer lugar) "es, en cada momento de la relación analítica, saber en qué nivel debe ser aportada la respuesta".[257] Contra lo que podría suponerse, tal intervención no está precedida por un cálculo intencional porque el analista, como el sujeto de lo inconsciente que es, *puede no saber lo que dice*. En efecto, "que el sujeto no sea quien sabe lo que dice, cuando claramente alguna cosa es dicha por la palabra que le falta [...] he ahí evidentemente el orden de hechos que Freud llama el inconsciente".[258] Dicho de otra manera, lo inconsciente "habla en el sujeto, más allá del sujeto, e incluso cuando el sujeto no lo sabe".[259] Pero, atención en cuanto a las

---

[257] Lacan, J., *El Seminario. Libro 2. El yo en la teoría de Freud y en la técnica psicoanalítica (1954-1955)*, p. 71.

[258] Lacan, J., *Radiofonía* [1970], en: *Radiofonía & Televisión*, p. 13.

[259] Lacan, J., *El Seminario. Libro 3. Las psicosis (1955-1956)*, p. 64.

implicaciones que ética y responsabilidad imponen: el analista "puede no saber lo que dice, a condición de que sepa lo que hace".[260]

En este mismo sentido, y enfatizando la evidente discrepancia entre el sujeto de la enunciación y el sujeto del enunciado, Octave Mannoni remarca que "la razón técnica que obliga al analista no tanto a ser mudo como a ser discreto, es que no siempre sabe, e incluso que no sabe nunca, lo que su palabra puede pulsar en el inconsciente del paciente [...] la verdadera razón de callarse es que el analista no sabe suficiente sobre el analizante (ni a veces sobre el análisis...). Pero esta razón no es decisiva, pues puede no saber *nunca* bastante".[261] Así las cosas, una vacilación calculada de la neutralidad no implica que los efectos de dicha interpretación sean calculables.

Pero si el analista decide hablar, aun no sabiendo lo que dice, debe saber hacerlo en el momento apropiado. Si no lo sabe, acaso el silencio opere mejor que una interpretación apresurada o importuna. Sin embargo el mismo Lacan reconocía que "no siempre tiene éxito un silencio oportuno",[262] de tal manera que el silencio del analista debería ser "respetuoso de cuanto a su turno debe ser dicho por alguien que no sabe aún qué decir".[263]

Queda la cuestión de saber si una interpretación fue o no acertada. Sobre este asunto, Mannoni señala que tratándose de

---

[260] Nasio, J. D., *Cómo trabaja un psicoanalista* [1996], Barcelona, Paidós, 1997, p. 185.

[261] Mannoni, O., "El juramento de Harpócrates", en: *op.cit.*, pp. 11-12.

[262] Lacan, J., *El Seminario. Libro 22. RSI (1974-1975)*. Versión mimeografiada (de acuerdo a las notas de M. Chollet). Clase del 11 de febrero de 1975.

[263] Gutiérrez, J., *op. cit.*, p. 16.

interpretaciones o de intervenciones "sólo con posterioridad podemos evaluar si era mejor hacerlas, o no hacerlas; a menudo comprobamos que no han representado ni una molestia ni una ayuda. [...] Nunca sabemos lo suficiente sobre el analizante como para estar seguros del efecto de lo que se ha dicho, ni tampoco sobre el efecto de nuestro silencio.[264] Nasio sugiere que un signo del impacto de la interpretación en el analizante es su silencio ante una palabra que viene a decirle lo que no ignoraba y que, sin embargo, lo trastorna;[265] podemos hablar de una palabra nueva que toma lugar por "un silencio compacto de certidumbre".[266]

Lacan se refirió a lo notoriamente sorpresiva que resulta una interpretación cuando es verdadera.[267] No obstante, debe acotarse que de una interpretación verdadera deben acusarse sus efectos, aun cuando no sea cabalmente comprendida (esto, debido al sesgo oracular que la caracteriza). Porque "los elementos no responden allí donde se los interroga. Para ser más exactos: si se los interroga en alguna parte, es imposible captarlos en conjunto".[268]

A todo lo anterior debe agregarse una puntualización relativa al tiempo: "la interpretación puede adquirir un valor

---

[264] Mannoni, O., "El juramento de Harpócrates", en: *op.cit.*, p. 11.

[265] Véase: Nasio, J. D., *op. cit.*, p. 188.

[266] Nasio, J. D. "Crónica psicoanalítica de un silencio", en: Nasio, J. D. (ed.), *El silencio en psicoanálisis*, p. 212.

[267] Véase: Lacan, J., *El Seminario. Libro 14. La lógica del fantasma (1966-1967.* Versión mimeografiada. Clase del 11 de enero de 1967.

[268] Lacan, J., *El Seminario. Libro 2. El yo en la teoría de Freud y en la técnica psicoanalítica (1954-1955)*, p. 279.

de progreso sólo en un momento preciso del análisis. Las ocasiones no son frecuentes [...] [es] en el momento preciso en que lo que está por despuntar en lo imaginario está a la vez presente en la relación verbal con el analista, cuando la interpretación debe hacerse a fin de que pueda ejercer su valor decisivo, su función mutativa", dice Lacan.[269]

Pareciera que una interpretación de este calibre alcanza el rango de acto analítico y que el silencio cumple con todas las características del mismo. No obstante, cuando Lacan define esa categoría clínica, sugiere una distinción que es pertinente evocar: "¿Qué es, propiamente hablando, el acto psicoanalítico? ¿Es la interpretación? ¿O es el silencio?".[270] Siguiendo su enseñanza puede afirmarse que el acto psicoanalítico no *es* ni la interpretación ni el silencio: *habrá sido* (en futuro anterior) un verdadero acto psicoanalítico –vía el silencio o la interpretación– una vez que la transmutación a la que el acto apunta haya acontecido *de una vez por todas*. El aoristo lo expresaría mejor pero dado que el castellano adolece de

---

[269] Lacan, J., *El Seminario. Libro 1. Los escritos técnicos de Freud (1953-1954)*, p. 279. "Interpretación mutativa" (o de transferencia) son términos que Lacan toma de James Strachey. En esta clase de su primer seminario (19 de mayo de 1954), Lacan recomienda consultar los números 2 y 3 del tomo xv del *Intenational Journal of psycho-analysis*, del año 1934. Con estos datos, puede verificarse que está comentando el artículo de Strachey titulado "The nature of the therapeutic action of psychoanalysis" (pp. 127-159). Fragmentos de este artículo habían sido presentados por Strachey en junio 13 de 1933 en una reunión de la *British Psycho-Analytic Society*. Véase: *The Psychoanalytic Electronic Publishing Archive 1 (1920-1994)* (versión electrónica).

[270] Lacan, J., *El Seminario. Libro 15. El acto psicoanalítico (1967-1968)*. Versión mimeografiada. Clase del 15 de noviembre de 1967.

sus posibilidades, el futuro anterior puede hacer las veces de sustituto, para instar –vía el oráculo, el silencio e incluso el callar–, en el mismísimo momento de lo *(in)enunciado*, a que la acción que no había comenzado a realizarse detone, para que en el espectro del sujeto de la enunciación que se aloja en quien consulta y en quien escucha se conjugue *lo sido*. Como si el sujeto se inscribiera en el futuro anterior al acto psicoanalítico mismo, por lo que el acto marca un *ya-sido* pero (a diferencia del performativo) evocando un *antes* donde lo que habrá sido ya *está* siendo.[271]

En dos ocasiones alude Lacan a este tiempo gramatical: una para señalar su carácter fulgurante: *...là où c'était pour un peu, entre cette extinction qui luit encore et cette éclosion qui achoppe...* ("allí donde por poco estaba, entre esa extinción que luce todavía y esa eclosión que se estrella...").[272] Otra para

---

[271] Como al decir que debe saberse cuándo un sujeto "deja de vivir para empezar a durar". Esta frase de Blanca Clavijo se formuló para ceñir los estragos del Alzheimer, pero puede traspolarse a los efectos de un acto analítico: para durar es necesario seguir vivo. Lo que habrá sido –comenzar a durar– ya acontece en el vivir mismo pero no de la misma manera una vez que el Alzheimer irrumpe. A la hora de arrostrar un diagnóstico como ése, se sabe que "deja(r) de vivir" implica un presente que lo será por poco y, no obstante, seguirá siendo. Ciertamente el acto analítico busca curar, mas –proporción guardada– puede ensayarse el mismo razonamiento en relación a un sujeto para el que un proceso de análisis equivalga a una raya en el agua. *El País*, 18 de septiembre del 2011. Véase: Emilio de Benito, "No se trata el alzhéimer, se trata al enfermo", en: *SiiS. Centro de Documentación y Estudios*. www.siis.net/documentos/hemeroteca/110918-6.pdf

[272] Lacan, J., "Subversion du sujet et dialectique du désir dans l'inconscient freudien" (1960), *Écrits* [1966], París, Seuil, 1966, p.801. Lacan, J., "Subversión del sujeto y dialéctica del deseo en el inconsciente freudiano" (1960), en: *Escritos* [1966], vol. 2, p. 781. Un pasaje literario ofrece un

evocar a Heidegger y lo que el aoristo permite expresar en lo relativo a la develación.[273]

Podría inferirse de lo anterior que el silencio es una suerte de escepticismo ante la interpretación pero ya se ha dicho que, simulado en el callar, el silencio mismo *es* una forma de interpretación. Así, se trata de calibrar el "alcance de un decir silencioso" por cuanto una interpretación "no implica forzosamente una enunciación".[274] Así las cosas, reticencia a la construcción es el silencio forjado en la enseñanza de Lacan, para que el sujeto acceda a un más allá del fantasma que enmarca, limita y determina sus certezas. En suma: hay que "saber no decir nada cuando la ocasión lo exige",[275] ya que "la virtud del silencio no está en no hablar. Así como la virtud

---

ejemplo notable, haciéndose necesaria una puntuación específica para expresar el instante de la mirada que domina la escena a continuación descrita. Tres lámparas de un convento han sido sustraídas y acontece que "...empezaron los frailes a entrar en la iglesia y la hallaron a oscuras [...] y fue confirmado por el tacto y el olor que no era aceite lo que faltaba [...] sino las lámparas, que de plata eran. Estaba aún fresco el desacato, si así se puede decir, pues las cadenas de donde habían colgado las susodichas lámparas oscilaban aún mansamente, diciendo, en lenguaje de alambre, Hace poco, hace poco". Saramago, José, *Memorial del convento*. México, Seix Barral, 1990, p. 17.

[273] Véase: Lacan, J., *Le Séminaire. Livre 17. L'envers de la psychanalyse (1969-1970)*, París, Seuil, 1991, p.188. Lacan, J., *El Seminario. Libro 17. El reverso del psicoanálisis (1969-1970)*, Buenos Aires, Paidós, 1992, p. 174.

[274] Lacan, J., *El Seminario. Libro 22. RSI (1974-1975)*. Versión mimeografiada (de acuerdo a las notas de M. Chollet). Clase del 11 de febrero de 1975.

[275] Nasio, J. D., "Presentación", en: Nasio, J. D., (ed.), *op. cit.*, p. 11.

de la templanza no está en no comer, sino en comer cuando es menester y lo que es menester, y en lo demás abstenerse".[276]

En tanto hace parir en el analizante un decir propio, hay entonces un "silencio mayéutico, obstétrico".[277] Al final, sólo el silencio puede aludir a todas (y a ninguna) de las posibles exégesis, pues "lo esencial de una lengua no está en lo que ella dice, sino en el ritmo de la voz que encuadra los silencios de lo indecible, de lo que sólo puede nombrarse por la alusión".[278]

Lítote

También llamada atenuación, la lítote busca decir menos para dar a entender más: "El arte de la *lítote* indica la sobriedad, la concisión de un estilo que evita la perífrasis y la hipérbole, que elude el énfasis y practica la elipsis [para así] decir lo más posible con la menor cantidad posible de palabras".[279]

"La *lítote* desemboca en el silencio, pues a veces la mejor manera de decir menos es no decir nada".[280] Parece aquí haber un absurdo: si el analista no habla, no tiene necesidad de hacer como si no hubiera dicho algo. Pero este es el punto esencial:

---

[276] Rodríguez, Alonso, *Ejercicio de perfección y virtudes cristianas* [1606], Madrid, Testimonio, 1965, p. 728.

[277] Notas personales del seminario de Néstor Braunstein, "¿Técnica del psicoanálisis?", impartido de septiembre de 1996 a agosto de 1998 en el Centro de Investigaciones y Estudios Psicoanalíticos (CIEP).

[278] Braunstein, N., "La traducción de lo intraducible en psicoanálisis", en: Braunstein N., *Traducir el psicoanálisis. Interpretación, sentido y transferencia*, p. 43.

[279] Mounin, G., *op. cit.*, pp. 115-116.

[280] Grupo μ, *op. cit.*, p. 216.

si hay un silencio anterior a palabra y un callar posterior a ella, si el del analista es un callar disfrazado de silencio, entonces el callar del analista es elocuente, puesto que decide no hablar después de hacerlo en otros momentos.

Se trata también de un callar retórico, en el entendido de que expresa una variedad del silencio: el que sigue a la palabra. Es asimismo un callar interpretante e interpretable por su carga infinita de sentidos, anzuelo para el fantasma del analizante, discurso tácito que se despliega en lo informulado. Y es un proceder que hace mimesis del inconsciente mismo porque entre todas las manifestaciones humanas, el silencio presenta "esta doble faz de ser un hecho clínico principal y, a la vez, la manifestación última de la naturaleza muda de la vida psíquica",[281] pues "el sujeto del inconsciente fundamentalmente carece de voz".[282]

Partiendo de la diferencia antemencionada entre el callar y el silencio, puede establecerse otra correspondencia análoga: "si la lítote opera una supresión *parcial* de los semas, el silencio opera una supresión *total* de los signos. No obstante, abre de esta manera el camino a la conjetura y permite, tal vez, por parte del descodificador, una adjunción, si no de signos, al menos de semas entre los cuales no obliga a elegir".[283] Esta elección, en la óptica freudiana, está determinada por lo inconsciente. No obstante, si el analista suprime parcial o totalmente ciertos semas o signos, será el analizante (aún

---

[281] Nasio, J. D., "Presentación", en: Nasio, J. D. (ed.), *op. cit.*, p. 11.

[282] Chemama, Roland, *Diccionario de psicoanálisis*. Buenos Aires, Amorrortu, 1998, p. 226.

[283] Grupo μ, *op. cit.*, p. 216.

en su condición sobredeterminada), quien adjuntará aquellos significantes que mejor expresen lo que –ignorándolo– sabe. Para que esa adjunción tenga lugar, el analista debe intervenir lo menos posible una vez abierto el espacio para la conjetura que la cita evoca.

Cobra entonces una importancia nodal la pregunta técnica por la indecibilidad. "¿Cómo no hablar?", pregunta Derrida; "¿cómo no decir nada (*how to avoid speaking*)?; pero también cómo, al hablar, no decir esto o aquello, de tal o cual manera, a la vez transitiva y modalizada. Dicho de otra manera, ¿cómo al decir, al hablar, evitar tal o cual modo discursivo, lógico, retórico?[284] Adviértase que contra la idea de un silencio retórico, Derrida propone *un modo de no hablar* que evite lo retórico.

Insiste Derrida: "¿Cómo evitar tal forma injusta, errónea, aberrante, abusiva? ¿Cómo evitar tal predicado, incluso la predicación? [...] ¿Cómo decir finalmente algo? Lo cual equivale a la cuestión aparentemente inversa: ¿cómo decir?, ¿cómo hablar?, [...] ¿qué palabra evitar para hablar *bien*?, [...] ¿cómo hay que no hablar?".[285] No se olvide que el Grupo μ propone una *retórica del silencio,* lo que tangencialmente implica a la palabra que –para hablar bien– se evita.

Pero aun hablando, según se desprende de lo escrito por Derrida, se puede, empero, no decir; esto es, puede no decirse aun diciendo. La posibilidad de hacerlo es una cuestión estrictamente técnica, porque el analista no puede confundir lo aquí expuesto con el "hablar para no decir nada". Puesto que

---

[284] Derrida, Jacques, *¿Cómo no hablar?* [1989], Barcelona, Proyecto A, 1997, p. 22.

[285] *Ibid.*, pp. 22-23.

habla, dice algo; pero bien puede referirse a aquello que sólo está en su decir de manera negativa, indirecta. Porque "hablar para (no) decir nada no es no hablar".[286]

Denegación

En la denegación (*Verneinung*), el sujeto "aprueba lo que está confesando que no es".[287] En este sentido, opera por supresión-adjunción negativa.

En la expresión: "Mataba yo a un hombre en mi sueño. No era mi padre", hay implicado un *grado cero* de doble cuño: confesión de un deseo ("matar a mi padre"); constancia del rechazo a ese deseo ("no quisiera desear la muerte de mi padre"). En el primer caso, el grado cero es inconsciente ("*deseo* matar a mi padre"); en el segundo caso, el grado cero es consciente ("no *quisiera* desear la muerte de mi padre").

La diferencia entre el querer y el desear es la misma que marca la distancia entre lo consciente y lo inconsciente. El querer (la volición) consciente se expresa como rechazo o reducción negativa: "*no* quisiera...", y es ahí donde está la marca de la posición inconsciente del sujeto, porque lo que se rechaza es el deseo de hacer lo que, sin embargo, no se querría.

Dicho de otra manera, aun no queriendo (matarlo) se desea –no obstante– hacerlo; retroceder frente a ese deseo provoca culpa, y de ahí su débil negación consciente (no habría

---

[286] *Ibid.*, p. 15.

[287] Grupo μ, *op. cit.*, p. 225.

necesidad de negar algo que nunca tuvo estatuto afirmativo). Sin petición de parte (nadie preguntó: "—Ese hombre, ¿es su padre?"), el *no* (la negativa) va a contrapelo de sí mismo(a) por cuanto acepta lo que pretende rechazar.

Conclusión

En las 16 variantes retóricas del silencio analizadas (borradura, blanco, calembur, aliteración, paronomasia, elipsis, anacoluto, zeugma, catacresis, sinécdoque, reticencia, insinuación, accismo, alusión, lítote, denegación), las marcas de lo no-dicho varían según "el efecto de la supresión, las circunstancias en que se produce, y la naturaleza de los elementos omitidos".[1]

En seis de estos casos el receptor (analista o analizante, de acuerdo a la lectura clínica hecha) puede rastrear lo sigilado en el contexto que funge como bastidor de lo dicho: ya sea porque aún sin significantes se generen significados (blanco); o porque el límite de lo inteligible advenga de las palabras omitidas pero inferibles a partir del contexto supresor (elipsis); o porque la irrupción de un hilo de pensamiento sigile otro en una colisión sintáctica que contextualiza por contigüidad el sentido de ambas líneas significantes: la irruptora y la interrumpida (anacoluto); o porque la frase antedicha permita inferir la subsiguiente (zeugma); o porque ciertas sugerencias implícitas develen una manipulación velada (insinuación); o porque lo lacónico devenga elocuente (lítote); o bien porque la negación que introduzca un dicho autorice a positivizarlo para su correcta lectura (denegación).

---

[1]   Beristáin, Helena, *Diccionario de retórica y poética* [1985], México, Porrúa, p. 84.

En otros cuatro casos, lo silenciado no figura en el contexto pero es colegido por una inflexión de voz (borradura); o se deduce por una diseminación del sentido (catacresis); o se deja captar en la ironía en forma de refutación anticipatoria (accismo); o bien se mitiga llenando los blancos que la suspensión de toda voz provoca (reticencia).

Las cuatro figuras restantes operan mediante mecanismos sustancialmente distintos: ya sea por las eventuales disparidades que entre homofonía y heterografía admite una frase (calembur), o por una estrategia significante de carácter lúdico apoyada en identidades sonoras parciales (aliteración), o por el deslizamiento –ya inductivo, ya deductivo– con distinto desenlace semántico (sinécdoque), o por cuasi-homonimias que derivan en significados dispares como efecto de su equivocidad (paronomasia).[2]

No obstante, en mayor o menor grado, en todas estas formas retóricas el silencio se hace interpretar a partir de balizas presuntivas –por así decir– que orientan de un modo constantemente precario a quien busca elucidarlo. El objetivo es

---

[2] Aliteración y paronomasia se inscriben en la estirpe *paragramática* saussuriana al verse afectado el nivel fonemático de la lengua. En ambas, las identidades homofónicas y las homonimias son parciales, por el intercambio posicional de los fonemas al interior de una palabra o a lo largo de una frase. En la clasificación aquí propuesta, este par de figuras se definieron como metábolas de la clase de los metaplasmos, privilegiando el hecho de que afectan la morfología de la expresión y operan al interior de un significante; pero también podrían ser entendidas como metábolas de la clase de las metataxas por incidir en los sintagmas a nivel sintáctico. Por tanto, admítase que se hable, no de anagramas sino de *paragramas*, ya que Ferdinand de Saussure la previó como expresión abarcativa de todas las variantes retóricas afines. Véase: Beristáin, H., *op. cit.*, p. 53.

siempre el mismo: reconstituir el "grado cero" de significación que preside (y precede a) todas las desviaciones ya analizadas.

Según se ha intentado demostrar, el silencio hace las veces de discurso en la modalidad del callar. En este sentido, la unidad mínima de significación en una lengua no sería el morfema sino el silencio.

Es imperativo que el analista conozca las categorías retóricas que inevitablemente rigen el discurso del analizante. Asimismo, el plano morfosintáctico de la expresión, materia prima del trabajo analítico, exige conocimientos de semántica lingüística; Lacan hablaba de una "semántica psicoanalítica" correlativa –según se analizó– de aquélla.

Es claro que no todas las convenciones retóricas y lingüísticas son pertinentes a la especificidad analítica. Sin embargo, la frecuencia con la que los mecanismos aquí comentados emergen en un análisis, fuerza en el analista a un proceder técnico que supone una escucha informada.

Definido, mas indefinible es el silencio. Ante la pregunta (la demanda) reiterada, el callar es acto que propicia una transustanciación: la pregunta deviene respuesta. El silencio del analista declara una ética por sustraerse a la comprensión, al juicio sobre lo escuchado. Responder entrañaría una valoración disfrazada de respuesta, siempre inadecuada. Sólo una intervención prudente reencauza el decir que la motiva.

El callar del analista (posterior a la palabra) evoca el silencio anterior a ésta. Pero callar no equivale a dejar de decir, y todo decir (aun el del silencio) es polivalente. Lo no-dicho es la sustancia que bajo lo dicho se desplaza.

Callar tampoco equivale a dejar de hacer: "El ser del analista en efecto está en acción incluso en su silencio".[3] Si esto es así, el silencio del analista opera, actúa, es una incidencia cadaverizada, transubjetiva que arrostra con la nada.

Las razones técnicas aquí esgrimidas sugieren que, viniendo del analista, el silencio debe ser: recurrente (como fundamento al que se acude y se retorna), discontinuo (porque ocasionalmente tiene que fracturarlo), e intermitente (porque cesa y se prosigue).

Si el del analista es un callar significante, elocuente, que acusa los beneficios del sigilo y opera en función de una cura en curso, puede hablarse en específico de una *clínica del silencio*.[4] Así –según palabras que Lacan dijera en referencia al Otro–, el asunto del silencio en la técnica psicoanalítica "hay que machacarlo de nuevo, reacuñarlo, para que cobre su sentido pleno, su resonancia completa".[5]

En la situación analítica los apalabramientos pueden ser infinitos, pues "siempre cabe una verbalización más. [...] Una nueva expresión desencadena un nuevo ocultamiento, un nuevo silencio y, como ocurre con la 'semiosis ilimitada' de Charles S. Pierce, el proceso no se termina: en la dinámica del silencio

---

[3]   Lacan, Jacques, "Variantes de la cura-tipo" (1955), *Escritos* [1966], vol. 1, México, Siglo XXI, 1999, p. 346.

[4]   Thomas, Marie-Claude, "Las formas del silencio en el olvido de Signorelli", en: Nasio, Juan David (ed.), *El silencio en psicoanálisis,* Buenos Aires. Amorrortu, 1999, p. 82.

[5]   Lacan, Jacques, *El Seminario. Libro 20. Aún (1972-1973),* Buenos Aires, Paidós, 1975, p. 52.

también se afirma la semiosis ilimitada del texto. Nadie es dueño de la última palabra, tampoco del último silencio".[6]

En cualquier caso, el silencio psicoanalítico adviene siempre preñado, fértil, grávido. Es labor del analista darle un destino distinto a la palabra ocluida, tan frecuentemente abortada. Pero el silencio no es un proceder obligado. Aún más: en ocasiones, implica un yerro, según se argumentó. La imagen de un analista siempre callado contradice las razones de la técnica del silencio que en este libro se aduce. Transigir con la demanda es también, en momentos precisos, dirigir la cura. Para determinar tales momentos excepcionales, la escucha es la brújula.

Así, en ocasiones, la neutralidad del analista debe vacilar; es éste un cálculo insólito que busca evitar la ruptura (riesgo que el silencio entraña), al tiempo que propicia la separación del analizante. El resto del tiempo, por su condición de no-otro, el analista debe preservar su neutralidad en la abstención.

El silencio del analista debe apuntar a ser *deconstructivo* en la medida en que no ratifica las construcciones que en el analizando son convicciones culturales, no demanda complacencia ni deferencia y no impide el único decir que en un análisis interesa. El discurso del psicoanálisis, como todos los demás, falla al pretender decir la verdad. La enseñanza de Nicolás de Cusa es que el verdadero conocimiento se funda en la no pretensión de conocer lo que de modo alguno podría ser conocido; de ahí su recomendación de instruirse en y por la ignorancia.

---

[6] Block de Behar, Lisa, *Una retórica del silencio* [1984], Buenos Aires, Siglo XXI, 1994, p. 190.

Si la regla fundamental ("sagrada" para Freud) es la que posibilita que un análisis tenga lugar, el silencio (como escenificación de la docta ignorancia ya comentada) es la regla correspondiente al analista cuya desobediencia en buena medida imposibilita el buen desenlace de una cura.[7]

El psicoanálisis evidencia que nos constituyen varios hechos que no pueden ser incluidos en el discurso: lo real que se basta a sí mismo y que escapa a lo articulable; la inoperancia del lenguaje mismo cuando trata de significar*se*; la represión originaria (*Urverdrängung*), ónfalo de lo indecible, etcétera. Si el psicoanálisis pretende no llenar lo indecible con vanas fórmulas llevando al sujeto a deconstruir los discursos en que se aliena, es para acceder a lo originario. Pero si ese originario es insusceptible de ser incorporado a nuestro discurso (no por supresión, forclusión, represión, o juicio de sojuzgamiento; sino por una condición de inefabilidad estructurante), el fantasma de cuyo atravesamiento habla el discurso psicoanalítico sólo podría ser franqueado en silencio. Deconstruir las certezas equivale a deconstruir el fantasma. Desmontar, entre otras falacias, la creencia de que todo puede ser dicho es en última instancia desconocer que más allá de lo decible está aquello que –de ser dicho– devendría otra cosa: formación de lo inconsciente.

Alrededor del goce acontece la situación analítica toda, y el más letal de los goces no remite sino al silencio, real severo de la Cosa. Silencio que transita del goce del ser al Falo y de éste (*oj-Alá*) al Nombre-del-Padre. Es este tránsito

---

[7]   Véase: Dreyfuss, Jean-Pierre, "Debate con Solange Nobécourt, Jean-Pierre Dreyfuss y Françoise Dolto", en: Nasio, J. D. (ed.), *op. cit.*, p. 199.

un éxodo que aleja del goce y a él lleva: de las percepciones a las inscripciones grávidas –ya descifradas– de sentido. Madre del deseo es esta diáspora; deseo que es muñón en la demanda, decibilidad trunc-*a*, resto *indicho*.

Bibliografía citada[1]

Adorno, Theodor, *Terminología filosófica* I [1962], (versión española de Ricardo Sánchez Ortiz de Urbina, revisada por Jesús Aguire), Madrid, Taurus, 1976.

Adorno, Theodor, *Sobre Walter Benjamin. Recensiones, artículos, cartas* [1970], (texto fijado y anotado por Rolf Tiedemann), Madrid, Cátedra, 1995.

Alas "Clarín", Leopoldo, *La Regenta* [1884-1885], Madrid, Castalia, 2001.

Alazraki, Jaime, "Para una poética del silencio" [1979], en *Cuadernos Hispanoamericanos*, # 343-345, Madrid, 1979.

Alonso, Martín, *Diccionario del Español moderno* [1960], Madrid, Aguilar, 1982.

Alonso, Martín, *Enciclopedia del idioma* [1947], Madrid, Aguilar, 1958.

---

[1] Después del título del libro o la revista referida, se señala entre corchetes el año en el que el escrito evocado vio la luz (incluso si esto sucedió por entregas –*Tristram Shandy, Gentleman* es un ejemplo–); en el caso de las obras más antiguas, la referencia es secular. Cuando se trata de *Obras completas* los corchetes indican el periodo abarcado, pues no en todos los casos se trata de recopilaciones exhaustivas. Siempre que se pudo averiguar, se consigna quién tradujo la obra respectiva.

Aulagnier, Piera, *Un intérprete en busca de sentido* [1986], (traducción de María del Pilar Jiménez), México, Siglo XXI, 1994.

Barthes, Roland, "Introduction à l'analyse structurale des récits", en *Communications*, # 8, 1966.

Barthes, Roland, *S/Z* [1970], (traducción de Nicolás Rosa), Madrid, Siglo XXI, 1980.

Barthes, Roland, *Análisis estructural del relato*, México, Premiá Editora, 1984.

Barthes, Roland, *El susurro del lenguaje. Más allá de la palabra y la escritura* [1984], (traducción de C. Fernández Medrano), Barcelona, Paidós, 1987.

Baudeau de Saumaize, Antoine, *Le Grand Dictionnaire des Précieuses* [1661].

Benjamin, Walter, *Sobre el programa de la filosofía futura y otros ensayos*, México, Planeta-De Agostini, 1986.

Beristáin, Helena, *Diccionario de retórica y poética* [1985], México, Porrúa, 1985.

Bioy Casares, Adolfo, *Borges* [1931-1989], Buenos Aires, Destino, 2006.

Blanco, Vicente, *Diccionario Latino-Español y Español-Latino* [1941], Madrid, Aguilar, 1968.

Block de Behar, Lisa, *Una retórica del silencio* [1984], Buenos Aires, Siglo XXI, 1994.

Braunstein, Néstor (ed.), *La interpretación psicoanalítica*, México, Trillas, 1988.

Braunstein, Néstor (ed.), *El lenguaje y el inconsciente freudiano*, México, Siglo XXI, 1988.

Braunstein, Néstor, *El goce. Un concepto lacaniano* [2006], Buenos Aires, Siglo XXI, 2006.

Braunstein, Néstor, *¿Técnica del Psicoanálisis?* Seminario impartido de septiembre de 1996 a agosto de 1998 en el Centro de Investigaciones y Estudios Psicoanalíticos (CIEP).

Braunstein, Néstor, *Ficcionario de psicoanálisis*, México, Siglo XXI, 2001.

Braunstein, Néstor, "Dios es inconsciente", *Fractal*, # 26 (7), 2002.

Braunstein, Néstor, *Traducir el psicoanálisis. Interpretación, sentido y transferencia*, México, Paradiso, 2012.

Burke, Peter, *Hablar y callar* [1993], (traducción de Alberto L. Bixio), Barcelona, Gedisa, 1996.

Cabrera Infante, Guillermo, *Tres tristes tigres* [1964], Barcelona, Seix Barral, 1979.

Cantarino, Elena, "Justo Lipsio en la Biblioteca de Lastanosa", en *Centro Virtual Cervantes*.
http://cvc.cervantes.es/literatura/aiso/pdf/06/aiso_6_1_038.pdf

Casas Rigall, Juan, "*Vitia,* metaplasmos y *Schemata* retóricos en el *Grammaticale Compendium* [1490] de Daniel Sisón", en *Revista de poética medieval,* No.5, Universidad de Alcalá de Henares, 2000. *Biblioteca Digital Universidad de Alcalá.*
http://dspace.uah.es/dspace/bitstream/handle/10017/4340/
Vitia%2c%20Metaplasmos%20y%20Schemata%20
Retóricos%20en%20el%20Grammaticale%20
Compendium.pdf?sequence=1

Cervantes Saavedra, Miguel de *El ingenioso hidalgo Don Quijote de la Mancha* [1605], Madrid, Alianza Editorial, 1984.

Coen, Arrigo, *Para saber lo que se dice* [1986], México, Domés, 1986.

Cordiè, Anny *et al, Clínica bajo transferencia* [1984], Buenos Aires, Manantial, 2006.

Cortés Morató, Jordi y Martínez-Riu, Antonio, *Diccionario de Filosofía* [1996], Herder (versión electrónica).

Cossé Brissac, Marie-Pierre de *et al, ¿Conoce usted a Lacan?* [1992], (traducción de Cristina Davie Ucha), Barcelona, Paidós, 1995.

Charmoille, Jean, "Ariabellissima. Diálogo entre el artista y el psicoanalista (segunda parte)", en *Sonécrit.* http://www.sonecrit.com/texte/PDF/espagnol/Ariabellissima.pdf

Chemama, Roland, *Diccionario de Psicoanálisis* [1995], (traducción de Teodoro Pablo Lecman), Buenos Aires, Amorrortu, 1998.

Chemama, Roland, *Depresión. La gran neurosis contemporánea* [2006], (traducción de Viviana Ackerman), Buenos Aires, Nueva Visión, 2007.

Cheymol, Marc, *Máximas francesas* [1987], (traducción de Julieta Arteaga), México, Offset, 1987.

de Benito, Emilio, "No se trata el alzhéimer, se trata al enfermo", *El País*, 18 de septiembre de 2011. *SiiS. Centro de Documentación y Estudios.* http://www.siis.net/documentos/hemeroteca/110918-6.pdf

de Saussure, Ferdinand, *Curso de lingüística general* [1916], (traducción y notas de Mauro Armiño), México, Ediciones Nuevomar, 1982.

de Saussure, Ferdinand, *Fuentes manuscritas y estudios críticos*, (traducción de Ana María Nethol y Manuel Olivera Giménez), México, Siglo XXI, 1985.

Derrida, Jacques, *¿Cómo no hablar?* [1989], (traducción de Patricio Peñalver), Barcelona, Proyecto A Ediciones, 1997.

Ducrot, Oswald, *Decir y no decir* [1972], (traducción de Walter Minetto y Amparo Hurtado), Barcelona, Anagrama, 1982.

Eco, Umberto, *La estrategia de la ilusión* [1973/1977/1983], (traducción de Edgardo Oviedo), Barcelona, Lumen, 1986.

Eco, Umberto, *Apostillas a El Nombre de la Rosa* [1983], (traducción de Ricardo Pochtar), Barcelona, Lumen, 1985.

Eco, Umberto, *Los límites de la interpretación* [1990], (traducción de Helena Lozano Miralles), México, Lumen, 1992.

Eco, Umberto, *Decir casi lo mismo. Experiencias de traducción* [2003], (traducción de Helena Lozano Miralles), México, Lumen, 2008.

Egido, Aurora, *La rosa del silencio* [1996], Madrid, Alianza editorial, 1996.

Esopo, *Fábulas* [s.VI a.C.(?)], (traducción de P. Badenas de la Peña y J. López Facal), Barcelona, Gredos, 2006.

Fornis, César, "Laconismo frente a Retórica. Aforismo y brevilocuencia en el lenguaje espartano", en: *Lógos y Arkhé. Discurso político y autoridad en la Grecia antigua* [2012], Buenos Aires, Miño y Dávila Editores, 2012.

Freud, Sigmund, *Obras Completas* [1873-1938], (traductores: Luis López-Ballesteros y de Torres, y Ludovico Rosenthal **–sin crédito**), Madrid, Biblioteca Nueva [1922-1934], 1981.

Freud, Sigmund, *Obras Completas* [1886-1938], (traductor: José Luis Etcheverry), Buenos Aires, Amorrortu [1976], 1992.

Freud, Sigmund, *Obras Completas* [1892-1939], (traductores: Luis López-Ballesteros y de Torres –vols. 1 al 17–, y Ludovico Rosenthal –vols. 18 al 22–, Buenos Aires, Santiago Rueda (1943-1956), 1954.

Freud, Sigmund, *Cartas de amor* [1882-1886], México, Ediciones Coyoacán, 1995.

Freud, Sigmund, *Cartas a Wilhelm Fliess (1887-1904)*, (traducción de José Luis Etcheverry), Buenos Aires, Amorrortu, 1986.

Fumaroli, Marc, *L'âge de l'éloquence. Rhètorique et "res literaria" de la Renaissance au seuil de l'époque classique* [1980], Ginebra, Droz, 1980.

Gelio, Aulo, *Noches Áticas* [s. II d.C.], (traducción de Amparo Gaos Schmidt), México, UNAM, 2000.

Genette, Gérard, *Figuras III* [1972], (traducción de Carlos Manzano), Barcelona, Lumen, 1989.

Gracián, Baltasar, *Agudeza y arte de ingenio* [1642], México, UNAM, 1996.

Gracián, Baltasar, *Oráculo manual y arte de prudencia* [1647], México, Planeta, 1996.

Gracián, Baltasar, *El discreto* [1646]. *El criticón* [1651/1653/1657]. *El Héroe* [1637], México, Porrúa, 1986.

Grupo μ, *Retórica general* [1982], (traducción de Juan Victorio), Barcelona, Paidós, 1987.

Gutiérrez, José, *Silencio y verdad* [1987], Bogotá, Instituto Caro y Cuervo, 1987.

Haidar, Julieta, *Debate CEU-Rectoría. Torbellino pasional de los argumentos*, México, UNAM, 2006.

Heidegger, Martín, *El ser y el tiempo* [1927], (traducción de José Gaos), México, FCE, 1993.

Heidegger, Martín, *De camino al habla* [1959], (traducción de Yves Zimmermann), Barcelona, Odós, 1987.

Herrera, Alfonso, "Foucault, la confesión y el psicoanálisis", Revista *Erinias*, Puebla (México), Año I, número 1, otoño de 2004.

Herrera, Alfonso *Epistemología del psicoanálisis* [2008], Bloomington, Indianápolis, Palibrio, 2013.

Herrero Llorente, Víctor José, *Diccionario de expresiones y frases latinas* [1980], Madrid, Gredos, 1995.

Horacio, *Sátiras. Epístolas. Arte poética* [s.I a.C.], (traducción de José Luis Moralejo), Barcelona, Gredos, 2008.

Huerta, Efraín, *Poesía completa* [1935-1982], México, FCE, 1988.

Kristeva, Julia, *Semiótica* 1 [1969], (traducción de José Martín Arancibia), Madrid, Espiral, 1981.

Lacan Jacques, *El Seminario. Libro 1. Los escritos técnicos de Freud (1953-1954)*, (traducción de Rithee Cevasco y Vicente Mira Pascual), Buenos Aires, Paidós, 1992.

Lacan, Jaques, *Le Séminaire. Livre 1. Les écrits techniques de Freud (1953-1954)*, París, Seuil, 1975.

Lacan, Jacques, *El Seminario. Libro 2. El yo en la teoría de Freud y en la técnica psicoanalítica (1954-1955)*, (traducción de Irene Agoff), Buenos Aires, Paidós, 1992.

Lacan, Jacques, *El Seminario. Libro 3. Las psicosis (1955-1956)*, (traducción de Juan Luis Delmont-Mauri y Diana Silvia Rabinovich), Buenos Aires, Paidós, 1993.

Lacan, Jacques, *El Seminario. Libro 7. La ética del Psicoanálisis (1959-1960)*, (traducción de Diana S. Rabinovich), Buenos Aires, Paidós, 1992.

Lacan, Jacques, *Le Séminaire. Livre 7. L'étique de la psychanalyse (1959-1960)*, Paris, Seuil, 1986.

Lacan, Jacques, *El Seminario. Libro 9. La identificación (1961-1962)*, (sin datos sobre el traductor). Versión mimeografiada y compulsada con: *Lacan Textual* [1999], (versión electrónica 3.2).

Lacan, Jacques, *El Seminario. Libro 10. La Angustia (1962-1963)*, (traducción de Enric Berenguer), Buenos Aires, Paidós, 2006.

Lacan, Jacques, *Le Séminaire. Livre 10. L'angoisse (1962-1963)*, Paris, Seuil, 2004.

Lacan, Jacques, *El Seminario. Libro 11. Los cuatro conceptos fundamentales del psicoanálisis (1964)*, (traducción de Juan Luis Delmont-Mauri y Julieta Sucre), Buenos Aires, Paidós, 1993.

Lacan, Jacques, *El Seminario. Libro 12. Problemas cruciales para el psicoanálisis (1964-1965)*, (traducción Grupo Verbum). Versión mimeografiada y compulsada con: *Lacan Textual* [1999], (versión electrónica 3.2).

Lacan, Jacques, *El Seminario. Libro 13. El objeto del psicoanálisis (1965-1966)*, (traducción de Jorge O. Tarela). Versión mimeografiada y compulsada con: *Lacan Textual* [1999], (versión electrónica 3.2).

Lacan, Jacques, *El Seminario. Libro 14. La lógica del fantasma (1966-1967)*, (transcripción de J. Nassif, traducida por Pablo G. Kania). Versión mimeografiada y compulsada con: *Lacan Textual* [1999], (versión electrónica 3.2).

Lacan, Jacques, *El Seminario. Libro 15. El acto psicoanalítico (1967-1968)*, (desgrabación traducida por Silvia García

Espil). Versión mimeografiada y compulsada con: *Lacan Textual* [1999], (versión electrónica 3.2).

Lacan, Jacques, *El Seminario. Libro 16. De un Otro al otro (1968-1969)*, (traducción de Nora A. González), Buenos Aires, Paidós, 2008.

Lacan, Jacques, *El Seminario. Libro 16. De un Otro al otro (1968-1969)*, (traducción de Ana María Gómez y Sergio Rochietti). Versión mimeografiada y compulsada con: *Lacan Textual* [1999], (versión electrónica 3.2).

Lacan, Jacques, *Le Séminaire. Livre 16. D'un Autre à l'autre (1968-1969)*, Paris, Seuil, 2006.

Lacan, Jacques, *El Seminario. Libro 17. El reverso del psicoanálisis (1969-1970)*, (traducción de Enric Berenguer y Miquel Bassols), Buenos Aires, Paidós, 1993.

Lacan, Jacques. *Le Séminaire. Livre 17. L'envers de la psychanalyse (1969-1970)*, Paris, Seuil, 1991.

Lacan, Jacques, *El Seminario. Libro 19. ...o peor (1971-1972)*, (traducción de Gerardo Arenas, revisada por Graciela Brodsky), Buenos Aires, Paidós, 2012.

Lacan, Jacques, *El Seminario. Libro 20. Aún (1972-1973)*, (traducción de Diana S. Rabinovich, Juan Luis Delmont-Mauri y Julieta Sucre), Barcelona, Paidós, 1981.

Lacan, Jacques, *Le Séminaire. Livre 20. Encore (1972-1973)*, Paris, Seuil, 1975.

Lacan, Jacques, *El Seminario. Libro 21. Los no incautos yerran (1973-1974)*, (desgrabación traducida por Irene M. Agoff de Ramos y Evaristo Ramos). Versión mimeografiada y compulsada con: *Lacan Textual* [1999], (versión electrónica 3.2).

Lacan, Jacques, *El Seminario. Libro 22. RSI (1974-1975)*, versión M. Chollet, comparada (traducción: Ricardo Rodríguez Ponte). Versión mimeografiada y compulsada con: *Lacan Textual* [1999], (versión electrónica 3.2).

Lacan, Jacques, *Escritos* [1966], (traducción de Tomás Segovia), México, Siglo XXI, 1984.

Lacan, Jacques, *Écrits* [1966], Paris, Seuil, 1966.

Lacan, Jacques, *Radiofonía & Televisión*, (traducción y notas de Óscar Masotta y Orlando Gimeno-Grendi), Barcelona, Anagrama, 1980.

Lacan, Jacques, "El atolondrado, el atolondradicho o las vueltas dichas", en: *Escansión 1*, Buenos Aires, Paidós, 1984.

Lacan, Jacques, *Otros escritos* [2001], (traducción de Graciela Esperanza y Guy Trobas), Buenos Aires, Paidós, 2012.

Laplanche, Jean y Pontalis, Jean-Bertrand, (traducción de Fernando Cervantes Gimeno), *Diccionario de Psicoanálisis* [1968], Barcelona, Labor, 1983.

Lausberg, Heinrich, *Manual de retórica literaria. Fundamentos de una ciencia de la literatura* [1960], (traducción de Mariano Marín Casero), Madrid, Gredos, 1991.

Le Guern, Michel, *La metáfora y la metonimia* [1973], (Augusto de Galvez-Cañero y Pidal), Madrid, Cátedra, 1980.

Mannoni, Octave, "El juramento de Harpócrates" [1993], *Tres al cuarto*, núm. 2, Barcelona, otoño 1993, pp.10-12.

Martorell, Joanot y de Galba, Martín Joan, *Tirant lo Blanc* [1460-1490], (traducción de J. F. Vidal Jové), 2 vols., Madrid, Alianza Editorial, 1984.

Miller, Jacques-Alain, *Elucidación de Lacan. Charlas brasileñas* [1981-1995], (establecimiento del texto: María Inés Negri), Buenos Aires, Paidós, 1998.

Miller, Jacques-Alain, *Introducción al método psicoanalítico* [1987], (establecimiento del texto: Miquel Bassols), Buenos Aires, Paidós, 1997.

Miller, Jacques-Alain, *El partenaire-síntoma* [1997-1998], (traducción de Silvia Elena Tendlarz), Paidós, Buenos Aires, 2008.

Miller, Jacques-Alain, *La erótica del tiempo y otros textos* [2000], (traducción de Marcela Antelo), Buenos Aires, Tres Haches, 2001.

Morier, Henri, *Dictionnaire de poétique et de la rhetórique* [1961], Paris, PUF, 1961.

Mounin, Georges *et al, Diccionario de Lingüística* [1975], (traducción de Ricardo Pochtar), Barcelona, Labor, 1982.

Nasio, Juan David (ed.), *El silencio en psicoanálisis* [1987], Buenos Aires, Amorrortu, 1988.

Nasio, Juan David, *Cómo trabaja un psicoanalista* [1996], Barcelona, Paidós, 1997.

Panikkar, Raimon, *El silencio de Buddha* [1996], Madrid, Siruela, 1996.

Pérez Galdós, Benito, *Realidad* [1890], Madrid, Imprenta de la Guirnalda. *Biblioteca Virtual Miguel de Cervantes.* http://www.cervantesvirtual.com/obra-visor-din/realidad-novela-en-cinco-jornadas--0/html/ff484da0-82b1-11df-acc7-002185ce6064_3.html#I_5_

Peursen, C.A. van, *Ludwig Wittgenstein. Introducción a su filosofía* [1973], (traducción de Jorge A. Sirolli), Buenos Aires, Ediciones Carlos Lohlé, 1973.

Picard, Max, *El mundo del silencio* [1948], Caracas, Monte Ávila, 1973.

Pommier, Gérard, *El amor al revés* [1995], (traducción de Irene Agoff), Buenos Aires, Amorrortu, 1997.

Psychoanalytic Electronic Publishing Archive 1, The (1920-1994), (versión electrónica), 1997.

Quintiliano, Marco Fabio, *Instituciones Oratorias* [s. I d.C.], (traducidas al castellano y anotadas según la edición de Rollin), Madrid, Imprenta de la Administración del Real Arbitrio de Beneficencia, 1799, USA, 2014. Edición facsimilar.

Quintiliano, Marco Fabio, *Sobre la formación del orador* [s. I d.C.], (traducción y comentarios de Alfonso Ortega Carmona), Universidad Pontificia de Salamanca, 1999.

Rodríguez, Alonso, *Ejercicio de perfección y virtudes cristianas* [1606], Madrid, Editorial Testimonio, 1965.

Saal, Clea, *Horsesh*t*, CreateSpace Independent Publishing Platform, USA, 2015.

Sabertash, Orlando, *Art of Conversation* [1842], Printed by James, Walker, London, 1842.

Sagrada Biblia (traducción de José María Bover & Francisco Cantera Burgos), Madrid, Biblioteca de Autores Cristianos, 1961.

Saramago, José, *El evangelio según Jesucristo* [1991], (traducción de Basilio Losada), México, Seix Barral, 1995.

Schneider, Monique, *"Père ne vois-tu pas...?"*, París, Gallimard, 1969.

Seco, Manuel, *Diccionario de dudas y dificultades de la lengua española* [1961], Madrid, Aguilar, 1976.

Shakespeare, William, *The Complete Works of William Shakespeare*, Hertfordshire, Wordsworth Editions Ltd, 1994.

Sperber, Dan & Wilson, Deirdre, *Relevance: Communication and cognition* [1986], Harvard, Harvard University Press / Blackwell, 1986.

Sperber, Dan & Wilson, Deirdre, "Relevance Theory", en *London's Global University.* http://www.phon.ucl.ac.uk/ publications/WPL/02papers/wilson_sperber.pdf

Steiner, George, *Lenguaje y silencio* [1976], (traducción de Miguel Ultorio), México, Gedisa, 1990.

Sterne, Laurence, *The Life and Opinions of Tristram Shandy, Gentleman* [1760-1767], Munich, Edited by Günter Jürgensmeier, 2005.

Todorov, Tzvetan, "Intertextuality", en: *Mikhail Bakhtin.The Dialogical Principle* [1981], (Translated by Wlad Godzich), Minneapolis, Minessota, The University of Minessota Press, 1984.

Valdés, Villanueva, Luis M.L. (ed.), *La búsqueda del significado. Lecturas de filosofía del lenguaje* [1991], Madrid, Tecnos, 1991.

Wittgenstein, Ludwig, *Tractatus Logico-Philosophicus* [1914-16], (traducción de Jacobo Muñoz e Isidoro Reguera), Barcelona, Altaya, 1994.

Zambrano, María, *El sueño creador* [1965], Madrid, Aguilar, 1969.

Zambrano, María, *Claros del bosque* [1964-1971], Barcelona, Seix Barral, 1977.

Zambrano, María, *De la aurora* [1986], Madrid, Turner, 1986.

Zavala, Lauro, "Elementos para un análisis de la intertextualidad" [1996], *La Colmena,* # 9, Revista de la Universidad Autónoma del Estado de México, Toluca, 1996.